GUILLAUME DUPRAT

WIE LAUT WAR EIGENTLICH DER URKNALL?

WIE SICH MENSCHEN UNSER UNIVERSUM VORSTELLEN

WISSENSCHAFTLICHE BERATUNG: JEAN-PHILIPPE UZAN

KNESEBECK

INHALT

VORSTELLUNGEN VOM UNIVERSUM

Seit Jahrtausenden beobachten Menschen auf allen Kontinenten den Himmel und versuchen, das Universum zu erklären. Philosophen haben es sich rund oder grenzenlos vorgestellt, klein oder gigantisch groß. Physiker und Mathematiker haben Theorien dazu aufgestellt. Astronomen haben die Beobachtungsgeräte verbessert, mit denen sich die Vorhersagen dieser Theorien bestätigen oder verwerfen lassen. Im Laufe der Jahrhunderte ist das Bild des Universums unendlich viel genauer geworden und wir haben immer besser verstanden, wie groß es tatsächlich sein könnte.

DAS VORGESTELLTE UNIVERSUM

Jeder kann sich das Universum vorstellen! Man findet fantastische Beschreibungen in Mythen und Religionen, aber auch in der Geschichte der Wissenschaft. Wissenschaftler brauchen Fantasie, um das Universum zu verstehen. Sie verlassen sich auf ihre Intuition, auf Theorien und auf die Beobachtungen, die sie machen. Mit Fantasie ist vieles möglich: Das Universum könnte aussehen wie ein Würfel oder wie eine Blume, es könnte aber auch ein Multiversum sein …

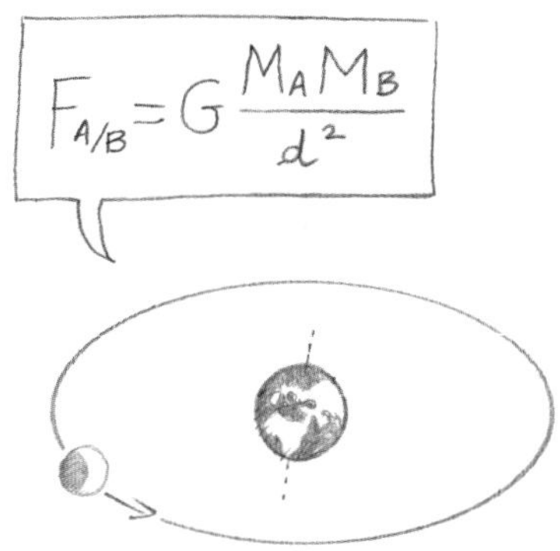

DAS THEORETISCHE UNIVERSUM

Wenn Wissenschaftler versuchen, die Geheimnisse der Natur zu durchdringen, suchen sie nach Erklärungen, die überall gelten: den Naturgesetzen. Eine wissenschaftliche Theorie wie das Gravitationsgesetz, das Isaac Newton 1671 formulierte, erklärt zum Beispiel, warum der Mond um die Erde kreist. Eine Theorie liefert eine Vision des Universums, indem sie ein Denkgebäude vorgibt, auf dessen Grundlage man seine Beobachtungen interpretieren kann.

DAS BEOBACHTETE UNIVERSUM

Damit eine Theorie von anderen Wissenschaftlern anerkannt wird, muss man sie prüfen, indem man Experimente oder Beobachtungen macht. 1609 veränderte der große italienische Gelehrte Galileo Galilei die Art und Weise, wie wir das Universum betrachten – mit einem Fernrohr! Heute können wir mithilfe von Satelliten und Sternwarten die Karte des Universums immer mehr verfeinern und jüngste Experimente bestätigen die Relativitätstheorie von Albert Einstein.

Beim Blick in die Sterne gerät man schnell ins Nachdenken und Träumen: Warum ist der Himmel schwarz? Wie viele Sterne kann man sehen? Woher kommen die Galaxien? Auf die meisten Fragen haben Wissenschaftler schon Antworten gefunden, aber jede Antwort bringt wieder neue Fragen mit sich.

Was bedeutet eigentlich „Universum"?

Das Universum umfasst alles, was existiert. Die Wissenschaftler, die versuchen, unser Universum zu verstehen, heißen Kosmologen. Die Kosmologie ist ein Zweig der Astrophysik.

Hat das Universum eine Grenze?

Wenn du bis zum Ende des Universums reisen könntest – bis wohin würdest du kommen? Würdest du an eine Mauer stoßen? Oder an deinen Ausgangspunkt zurückkehren? Und wenn es keine Grenzen gäbe … dann hätte die Reise kein Ende. Ist das Weltall ein geschlossener Raum wie eine Kokosnuss oder ist es unendlich?

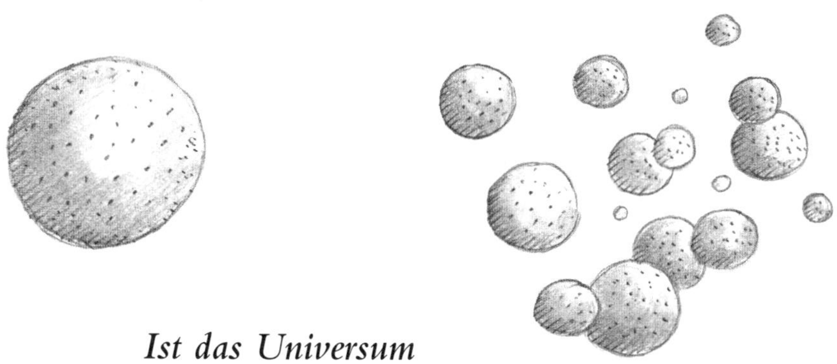

Ist das Universum einzigartig oder gibt es mehrere?

Schon die Gelehrten des Altertums fragten sich, ob sich hinter den Sternen wohl andere Welten verbergen. Seit 1995 weiß man, dass es tatsächlich andere Welten gibt, weil Astrophysiker Planeten außerhalb unseres Sonnensystems entdeckt haben: die Exoplaneten. Einige Wissenschaftler meinen jedoch, dass es auch noch andere Universen geben könnte. Diese Hypothese können wir gegenwärtig aber nicht überprüfen.

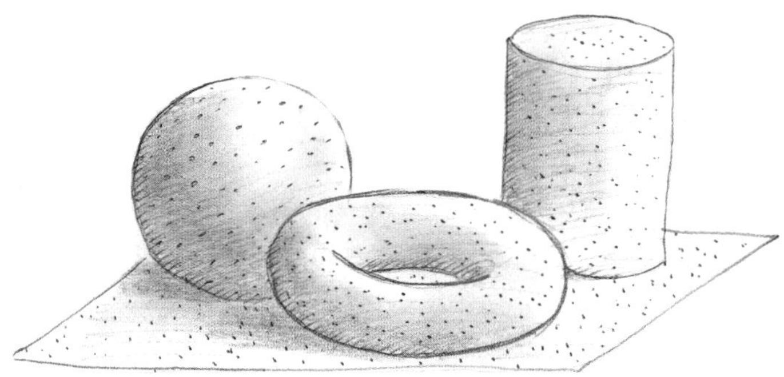

Hat das Universum eine Form?

Ist das Universum platt wie ein Pfannkuchen oder gekrümmt wie ein Ball? Oder vielleicht in sich aufgerollt wie ein Rettungsring? Anhand der Form von Alltagsgegenständen können wir uns die Form des Universums leichter vorstellen. Solche Gegenstände werden auf dem mathematischen Wissensgebiet der Topologie untersucht.

E = mc²
F_A/B = G M_A M_B / d²

DIE UNIVERSEN VON EINST

VORSTELLUNGEN VOM UNIVERSUM: VON DEN GRIECHEN BIS ZUR URKNALLTHEORIE

Seit wann weiß man, dass die Erde nicht im Mittelpunkt der Welt steht? Wer hat sich zum ersten Mal unendlich große Räume vorgestellt? Wann entstand die Urknalltheorie?
Die Geschichte der Astronomie ist wie eine Dachkammer voller Schätze: die Universen der Griechen, die Erde im Mittelpunkt des Kosmos im Mittelalter, die Himmelssphären der Renaissance, die Sonne im Mittelpunkt des Universums bei Kopernikus, Galileos Fernrohr, unsere Galaxie im Mittelpunkt des Universums, Einsteins statische Hypersphäre, die Entdeckung weiterer Galaxien durch Hubble usw.
Dank all dieser Wissenschaftler hat sich unsere Vorstellung vom Universum in den letzten 2600 Jahren immer weiter entwickelt.

UNIVERSEN DER GRIECHEN

Vor 2600 Jahren entwickelten die griechischen Philosophen der Schule von Milet neue Ansätze, um die Bewegungen der Himmelskörper zu erklären.

Vielleicht drehen sich Sonne und Mond wie Räder?

Vielleicht ist der Himmel wie eine Haube?

KUGELFÖRMIGER KOSMOS

In der Überzeugung, dass die Welt einzigartig ist, erfanden und beschrieben griechische Philosophen ein Modell des idealen Universums.

Vielleicht ähnelt der Kosmos ja einer Kristallkugel?

UNENDLICH VIELE WELTEN

Andere griechische Philosophen aus der **Schule der Atomisten** behaupteten, dass unsere Erde nicht einzigartig sei, sondern nur eine von zahllosen Welten.

Im 5. Jahrhundert v. Chr. stellten **Leukipp** und sein Schüler **Demokrit** sich die Erde flach wie ein Tamburin in einem unendlichen Raum vor, in dem Leere herrscht.

DER CHINESISCHE HIMMEL

Während in Griechenland die meisten Gelehrten sich den Kosmos wie eine Kugel vorstellten, stritten sich in China zwei große Astronomenschulen um die Form des Himmels.

Gleicht der Himmel einer umgedrehten Schüssel?

Oder einem Ei?

Bis zum 17. Jahrhundert waren die chinesischen Astronomen die eifrigsten Himmelsbeobachter: Sie erstellten die genauesten Sternenkataloge und den ersten Kometenatlas und beschrieben als Erste die Sonnenflecken und die Explosion eines Sterns (Supernova).

ARABISCHE SPHÄREN

Im Mittelalter übernahmen die arabischen Gelehrten die wissenschaftlichen Konzepte aus Indien, Persien und vor allem Griechenland. Die arabischen Astronomen und Mathematiker kopierten das griechische Modell und fragten sich, ob es der Wirklichkeit entsprach.

Ab dem 9. Jahrhundert studierten die Astronomen in Bagdad das Universum, wie es von Aristoteles und Ptolemäus beschrieben wurde: Die Erde liegt unbeweglich in der Mitte eines kugelförmigen Kosmos.

Die Gelehrten des Mittelalters benutzten Himmelsgloben mit eingravierten Sternen und Sternbildern.
Im 10. Jahrhundert erstellte **Abd ar-Rahman as-Sufi** eine verbesserte Version des Sternenkatalogs von Ptolemäus.

Entspricht der griechische Kosmos der Realität?

Wie könnten Aristoteles' Kristallsphären funktionieren? Sind die Bewegungen der Planeten, wie Ptolemäus sie beschreibt, korrekt? Im 14. Jahrhundert legte **Ibn asch-Schatir** neue Berechnungen vor, die ihrerseits die europäischen Wissenschaftler beeinflussen sollten, vielleicht auch den berühmten Nikolaus Kopernikus.

GEOZENTRISMUS

Nach dem Konzept des Geozentrismus steht die Erde im Mittelpunkt der Welt. Die arabischen und europäischen Gelehrten des Mittelalters stellten sich ein Universum vor, das dem der Griechen **Aristoteles** und **Ptolemäus** sehr ähnlich war.

Die 8 Sphären des Modells von Ptolemäus:

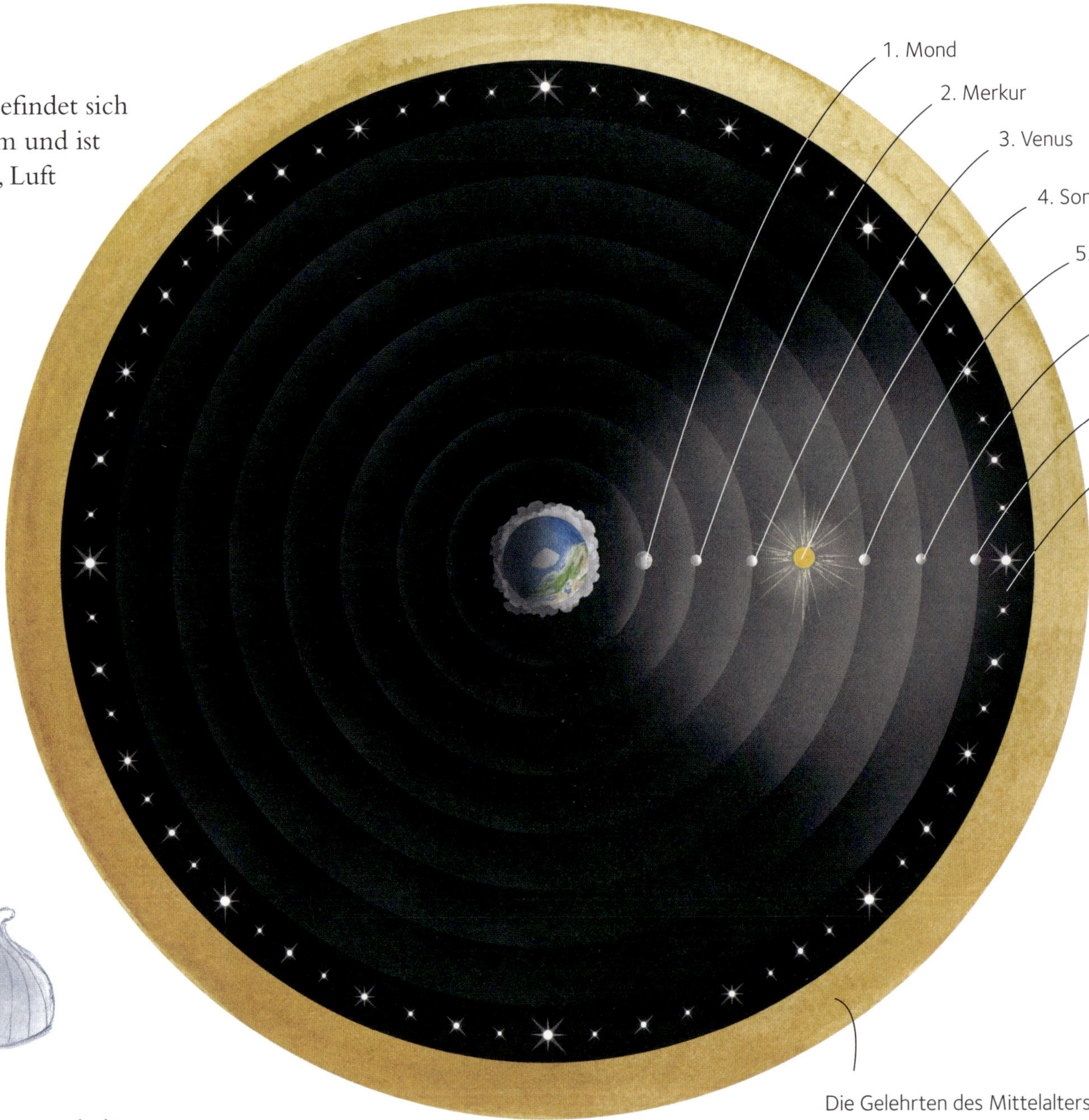

Die Erde befindet sich im Zentrum und ist von Wasser, Luft und Feuer umgeben.

Die Gelehrten des Mittelalters fügten eine neunte Sphäre hinzu: Im christlichen Europa hieß sie „Empyreum“, in der arabisch-muslimischen Welt nannte man sie die „Sphäre der Sphären“.

Eine Welt wie eine Zwiebel?

Halbiert man eine Zwiebel, erkennt man genau die geozentrische Welt, die von Gelehrten wie **Maimonides, Johannes Buridan** oder **Ibn asch-Schatir** beschrieben wurde.

HELIOZENTRISMUS

Im Heliozentrismus stand die Sonne im Mittelpunkt des Universums. Der Astronom und Domherr **Nikolaus Kopernikus** vertrat die Ansicht, dass die Erde sich um die Sonne und um sich selbst drehe.

DIE KOPERNIKANISCHE WENDE

Wenn die Erde nicht mehr unbeweglich im Mittelpunkt des Universums steht, muss sie ein Planet sein wie alle anderen auch. Diese Vorstellung war so revolutionär, dass Kopernikus verlangte, seine Schriften erst nach seinem Tod zu verbreiten.

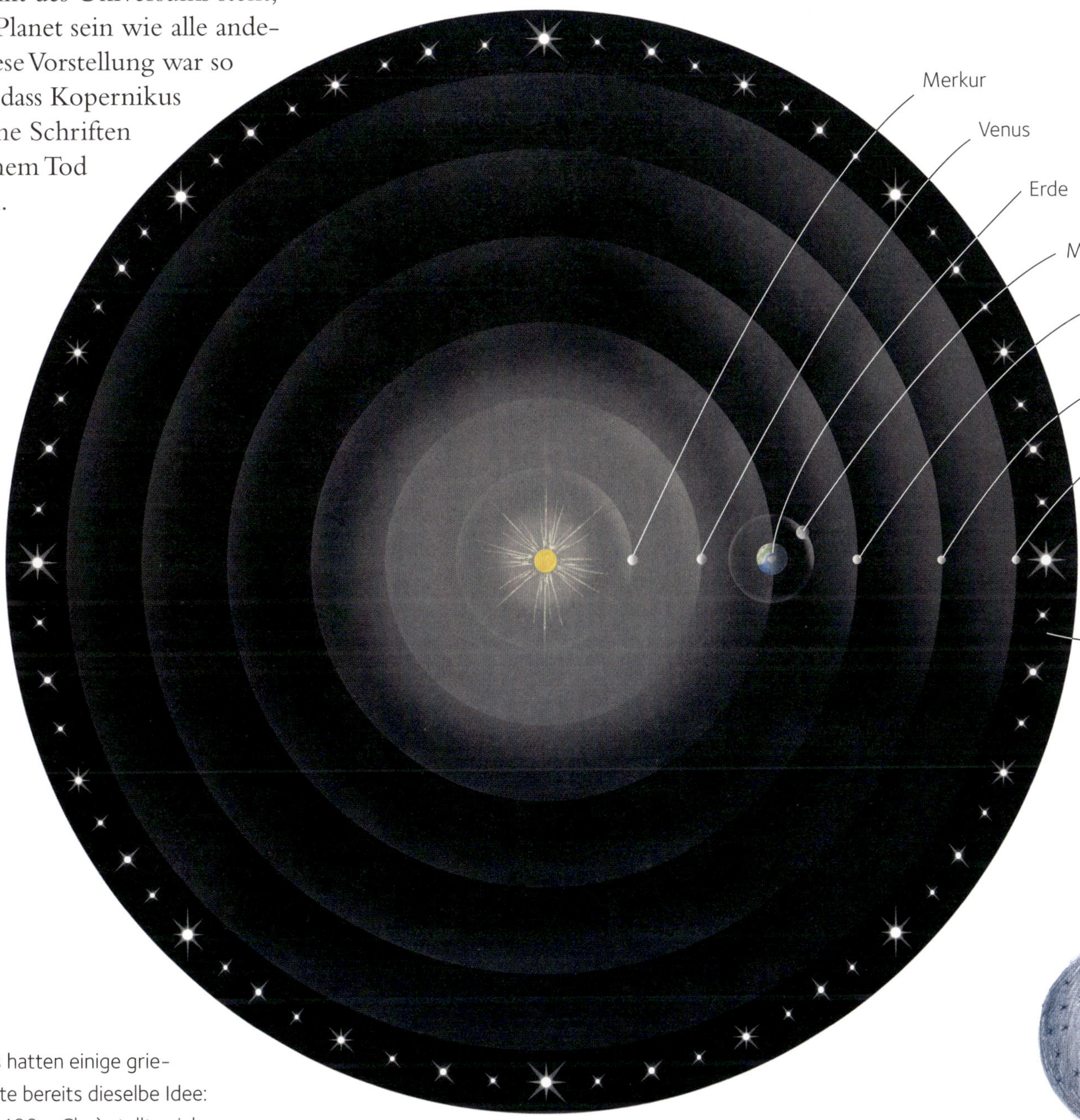

Kopernikus ordnete die Sterne immer noch der letzten Sphäre zu, der Fixsternsphäre.

Vor Kopernikus hatten einige griechische Gelehrte bereits dieselbe Idee: **Philolaos** (um 400 v. Chr.) stellte sich Feuer im Mittelpunkt des Kosmos vor, ein Jahrhundert später beschrieb **Aristarchos von Samos** eine Erde, die sich um sich selbst und um die Sonne dreht.

Das heliozentrische Universum ist gewaltig: 1,5 Millionen Mal größer als die Erde!

RÜCKKEHR IN DIE UNENDLICHKEIT

Die europäischen Astronomen erkannten die Theorie von Kopernikus an, stellten aber die Fixsternsphäre infrage.

1576 ersetzte der britische Astronom **Thomas Digges** die Fixsternsphäre durch einen Raum, der keine Grenzen hat und voller Sterne ist.

NEUE ANSICHT DES HIMMELS

In Italien brachte **Galileo Galilei** das althergebrachte Bild der Welt ins Wanken, indem er auf der Grundlage seiner wissenschaftlichen Experimente die Sterne mit einem Fernrohr beobachtete. Damit schlug die Geburtsstunde der modernen Wissenschaft.

DAS ASTRONOMIEFERNROHR

Galileo besorgte sich Vergrößerungsgläser aus Holland und perfektionierte sie für die Beobachtung der Sterne: Ab 1609 eröffnete sich ihm eine ganz neue Welt! Er entdeckte eine staubige, unebene Landschaft auf der Mondoberfläche, vier Monde des Jupiter, seltsame Flecken auf der Sonne und neue Sterne in der Milchstraße. Er verfolgte die Umlaufbahn der Venus und bestätigte die Bewegung der Planeten um die Sonne.

Galileo verteidigte die heliozentrische Welt von Kopernikus und erschütterte mit seinen Beobachtungen das alte Bild der Welt. Nachdem er zunächst in königlichen Kreisen unterstützt und von Gelehrten viel beachtet worden war, wendete sich schließlich die Kirche gegen ihn. 1633 wurde er in einem Prozess dazu verurteilt, seinen revolutionären Vorstellungen abzuschwören. Seinen Lebensabend verbrachte er unter ständiger Überwachung in Florenz, wo er sein Augenlicht verlor.

Zur selben Zeit …

Der Deutsche **Johannes Kepler** war eine interessante Persönlichkeit: Der geniale Astrologe und Mathematiker griff Vorstellungen auf, die auf Pythagoras zurückgehen, und beschrieb ein harmonisches Universum, in dem jeder Stern einer Note entspricht. Außerdem verfasste er einen Roman über eine Reise zum Mond.

1601 berechnete er anhand der genauen Beobachtungen des dänischen Astronomen **Tycho Brahe** die Umlaufbahn des Mars. Sie verläuft nicht in einem perfekten, sondern einem abgeflachten Kreis, den man Ellipse nennt. 1609 zeigte Kepler im ersten Keplerschen Gesetz, dass alle Planeten elliptische Umlaufbahnen haben.

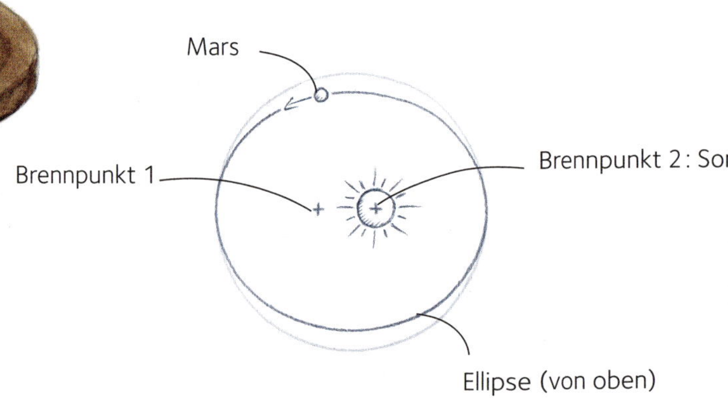

NEWTONSCHER RAUM

Isaac Newton entdeckte, dass das Licht aus Farben besteht, erfand ein neues Teleskop und formulierte 1671 das Newtonsche Gravitationsgesetz, das die Geschichte und unser Verständnis des Universums revolutionierte.

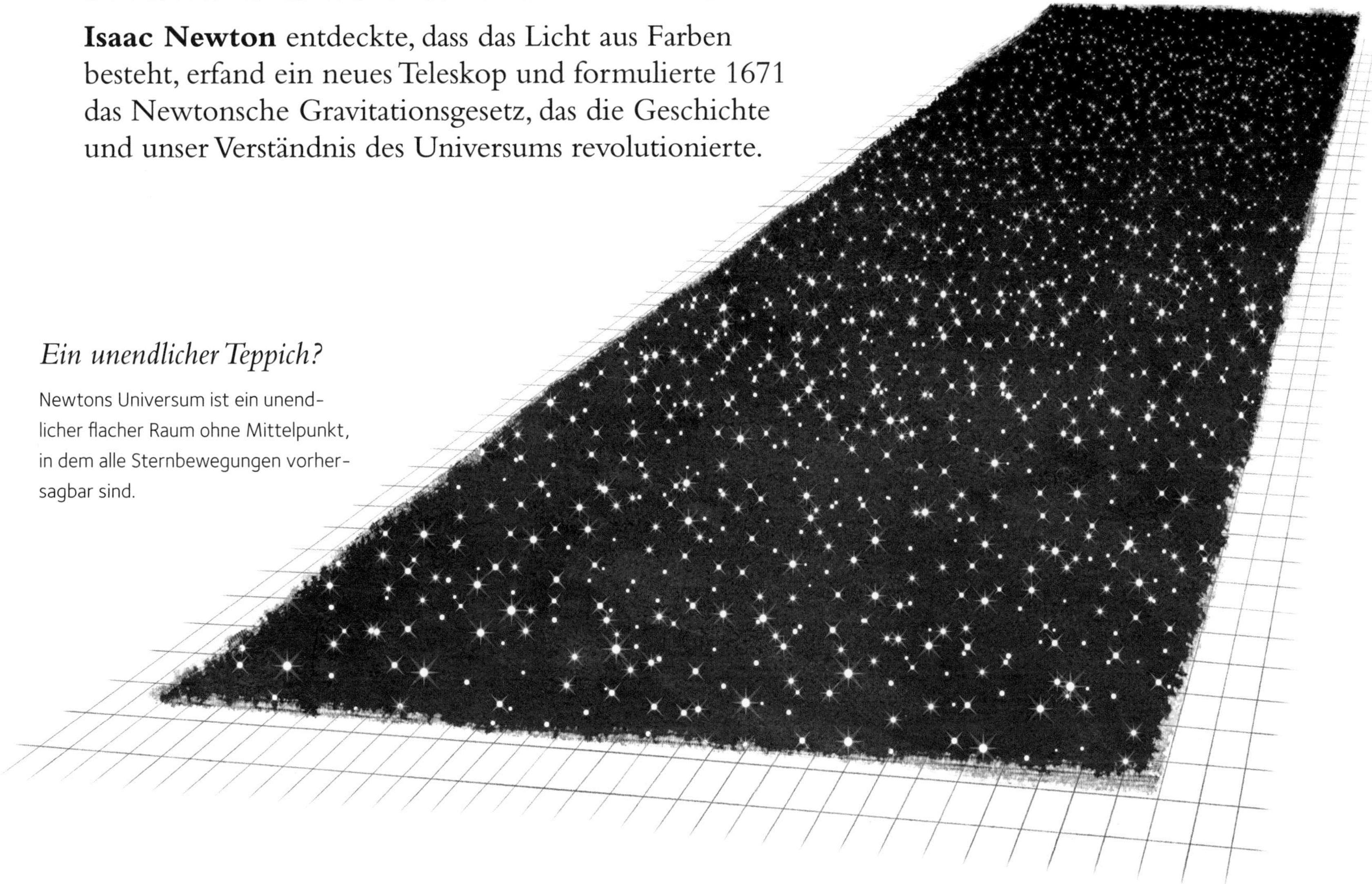

Ein unendlicher Teppich?

Newtons Universum ist ein unendlicher flacher Raum ohne Mittelpunkt, in dem alle Sternbewegungen vorhersagbar sind.

DAS NEWTONSCHE GRAVITATIONSGESETZ

Für Newton wirkt eine Kraft, die er Gravitation nannte, überall im Universum:

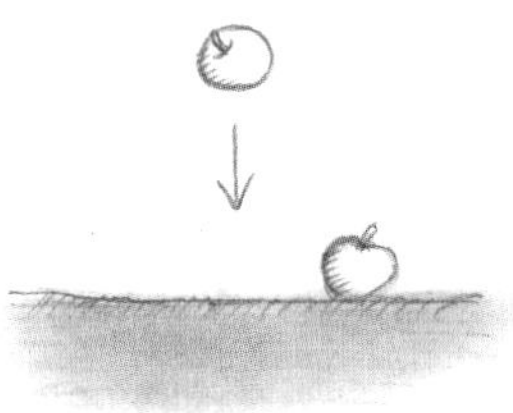

Sie hält uns auf der Erde und erklärt das Herabfallen von Objekten.

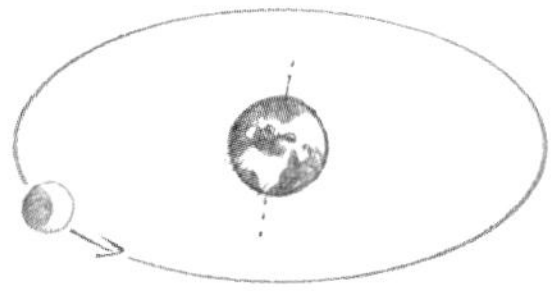

Sie lässt den Mond um die Erde kreisen.

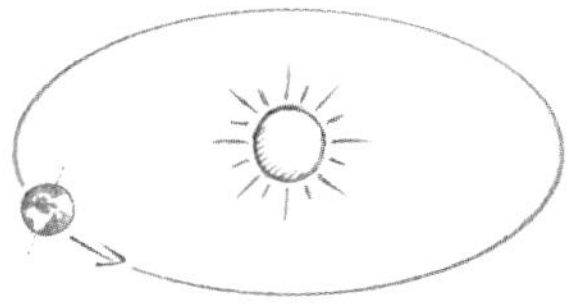

Sie lässt die Erde und die Planeten um die Sonne kreisen.

DIE KOSMISCHE UHR

Nach dieser „klassischen" Physik hängen Raum und Zeit nicht voneinander ab. Die Zeit ist absolut und überall im Universum gleich.

GALAKTOZENTRISMUS

Newtons Physik wurde von den europäischen Gelehrten übernommen, die Astronomen verbesserten ihre Teleskope und blickten weiter ins All hinein. Vielleicht liegt unsere Galaxie ja im Mittelpunkt des Universums?

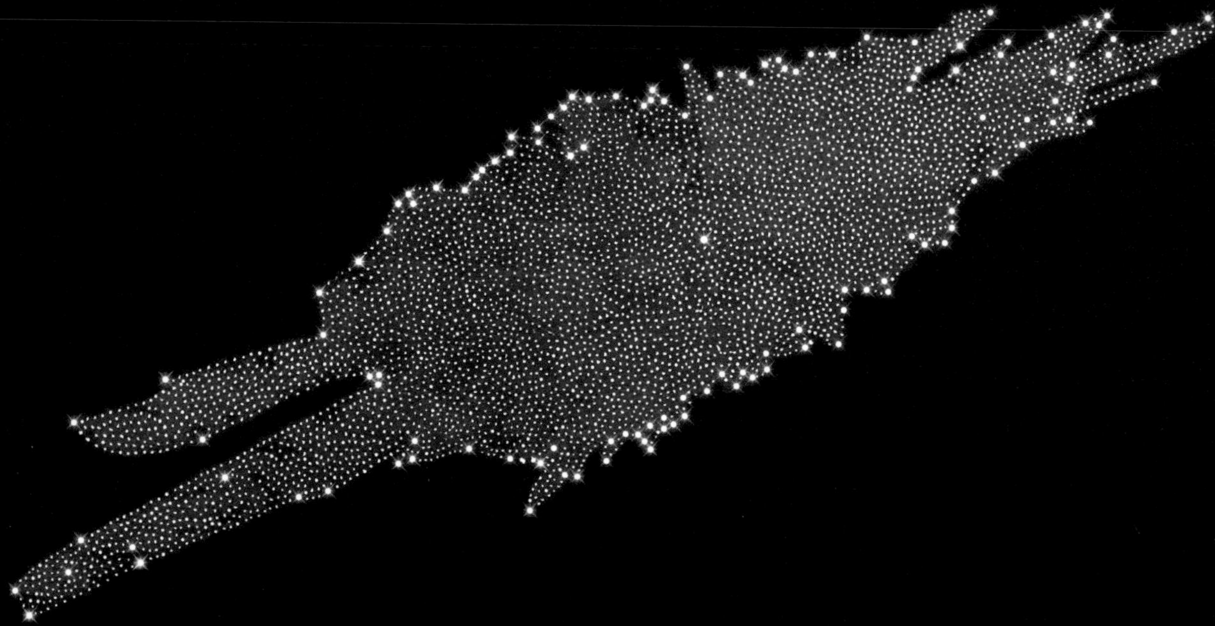

DIE ERSTE KARTE DER MILCHSTRASSE

Der Musiker und Astronom **William Herschel** entdeckte 1781 den Planeten Uranus und kartografierte als erster Astronom die Milchstraße. Er erforschte den außergalaktischen Raum und zählte 2451 Nebel und andere Sternhaufen. Dabei stellte er sich unser Sonnensystem in der Mitte unserer Galaxie vor, ohne jedoch einen Beweis dafür zu erbringen.

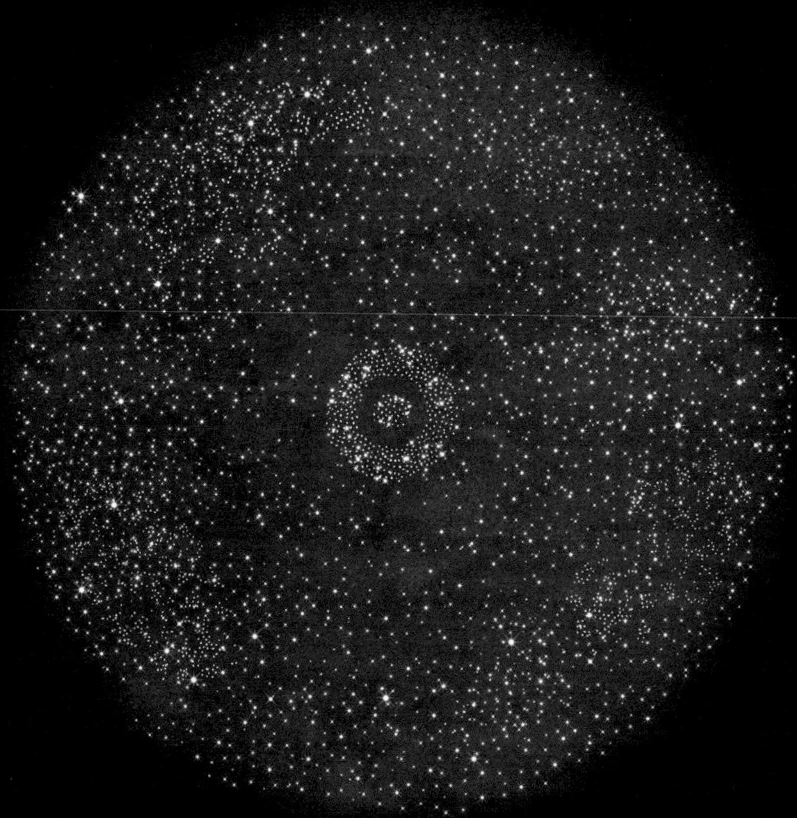

STERNENWOLKE

1905 stellte sich der britische Physiker **William Kelvin** das Universum wie eine gewaltige Sternenwolke vor, die sich ihr Zentrum mit unserer Milchstraße teilt. In diesem System liegt die Sonne immer noch nahe dem Zentrum.

WAS KOMMT NACH DER MILCHSTRASSE?

1920, als die Karte der Milchstraße immer genauer wurde, entbrannte unter den Astronomen eine große Diskussion um die Sternennebel. Auf der einen Seite behauptete **Harlow Shapley,** dass sie sich in unserer Galaxie befänden, während **Heber Curtis** davon überzeugt war, dass es weitere Galaxien gebe, wie auch schon der deutsche Philosoph **Immanuel Kant** vorhergesagt hatte. Edwin Hubble bewies 1927 schließlich, dass es sich tatsächlich um andere Galaxien handelte.

EINSTEINS UNIVERSUM

Was für eine Revolution! 1905 und 1915 formulierte **Albert Einstein** seine Relativitätsgesetze und veränderte damit radikal die klassische Sicht auf das Universum.

Vielleicht hängen Raum und Zeit ja zusammen?

FRIEDMANNS UND LEMAÎTRES RÄUME

In den 1920er-Jahren leiteten der Russe **Alexander Friedmann** und der Belgier **Georges Lemaître** aus den Relativitätsgesetzen ab, dass das Universum dynamisch sein muss und nicht statisch, wie Einstein behauptete. Man stellte sich drei Arten vor, wie Räume expandieren könnten.

Ein flacher Raum wie ein Blatt Papier?

Rund wie ein Ball?

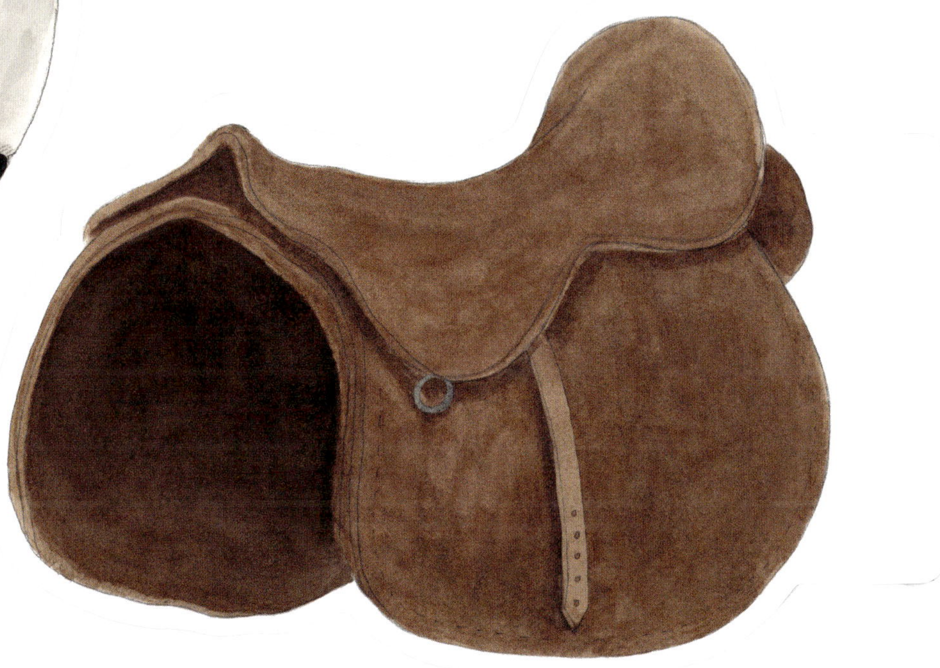

Gewölbt wie ein Sattel?

DAS UNIVERSUM EXPANDIERT

In den 1920er-Jahren beobachtete der amerikanische Astronom **Edwin Hubble** die Sternennebel mit dem leistungsstärksten Teleskop seiner Zeit. 1927 bewies er die Existenz anderer Galaxien und beobachtete die Expansion des Universums.

EINE GALAXIE VON VIELEN

1924 zeigte **Hubble,** dass einige Nebel weitere Galaxien sind! Die Milchstraße, also die Galaxie, in der sich unser Sonnensystem befindet, ist nicht die einzige.

Hubble teilte die Galaxien in Familien ein:

lentikuläre (linsenförmige) Galaxien

elliptische Galaxien

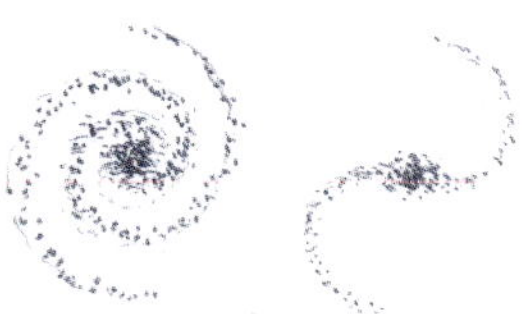

Spiralgalaxien

Balkenspiral-galaxien

irreguläre (unregelmäßige) Galaxien

DIE HUBBLE-KONSTANTE

Das Gesetz, das die Expansion des Universums beschreibt, geht auf zwei Wissenschaftler zurück: **Lemaître** entdeckte den theoretischen Rahmen und **Hubble** machte die Beobachtungen dazu: Je weiter eine Galaxie von uns entfernt ist, desto schneller scheint sie sich zu entfernen. Dieses Gesetz verträgt sich nicht mit Einsteins statischem Universum.

Ein sich ausdehnender Ballon?

Um die Expansion des Universums zu verstehen, kann man sich einen Luftballon mit Punkten darauf vorstellen. Jeder Punkt stellt eine Galaxie dar. Wenn man den Ballon nun aufbläst, entfernen sich die Punkte voneinander, genau wie bei unserem Universum!

DER URKNALL

Wenn das Universum jetzt expandiert, was war dann vorher? Wie verlief seine Geschichte? In den 1920er- bis 1940er-Jahren entwickelten vor allem **Alexander Friedmann, Georges Lemaître** und **George Gamow** die Urknalltheorie. Es dauerte jedoch noch einige Jahrzehnte, bis die internationale Wissenschaftswelt sie akzeptierte.

Die Geschichte des Universums: eine riesige Trompete?
(allerdings eine tibetanische Trompete)

$d\tau^2 = dt^2 - a(t)^2\left(\frac{dr^2}{1-kr^2} + r^2 d\Omega^2\right)$
$E = mc^2$
$\nabla \cdot E = \rho$
$\nabla \cdot B = 0$
$\nabla \times E = -B$
$\nabla \times B = E + J$

DAS UNIVERSUM HEUTE

DIE BEOBACHTUNGEN DER WISSENSCHAFTLER

Wie beschreiben die Wissenschaftler unser Universum heute? Was beobachten sie? Was wissen wir mit Sicherheit? Immer wieder stellen Astrophysiker und Kosmologen unsere Vorstellung des Universums und unser Verständnis von seiner Geschichte auf den Kopf. Mithilfe neuer Sternwarten, Satelliten und Supercomputer können sie fantastische Karten dessen erstellen, was sie das beobachtbare Universum nennen.

Vom unendlich Großen bis zur Welt der Teilchen enthüllen die Forscher immer neue Teile der Geheimnisse des Universums. Und immer wieder tauchen neue Fragen auf, zum Beispiel, ob es eine neue Art von Materie gibt: die dunkle Materie.

DAS BEOBACHTBARE UNIVERSUM

Von der Erde aus beobachten die Astrophysiker die Sterne mit ihren Teleskopen und Satelliten und erforschen so den Himmel, aber bis wohin reicht der Blick?

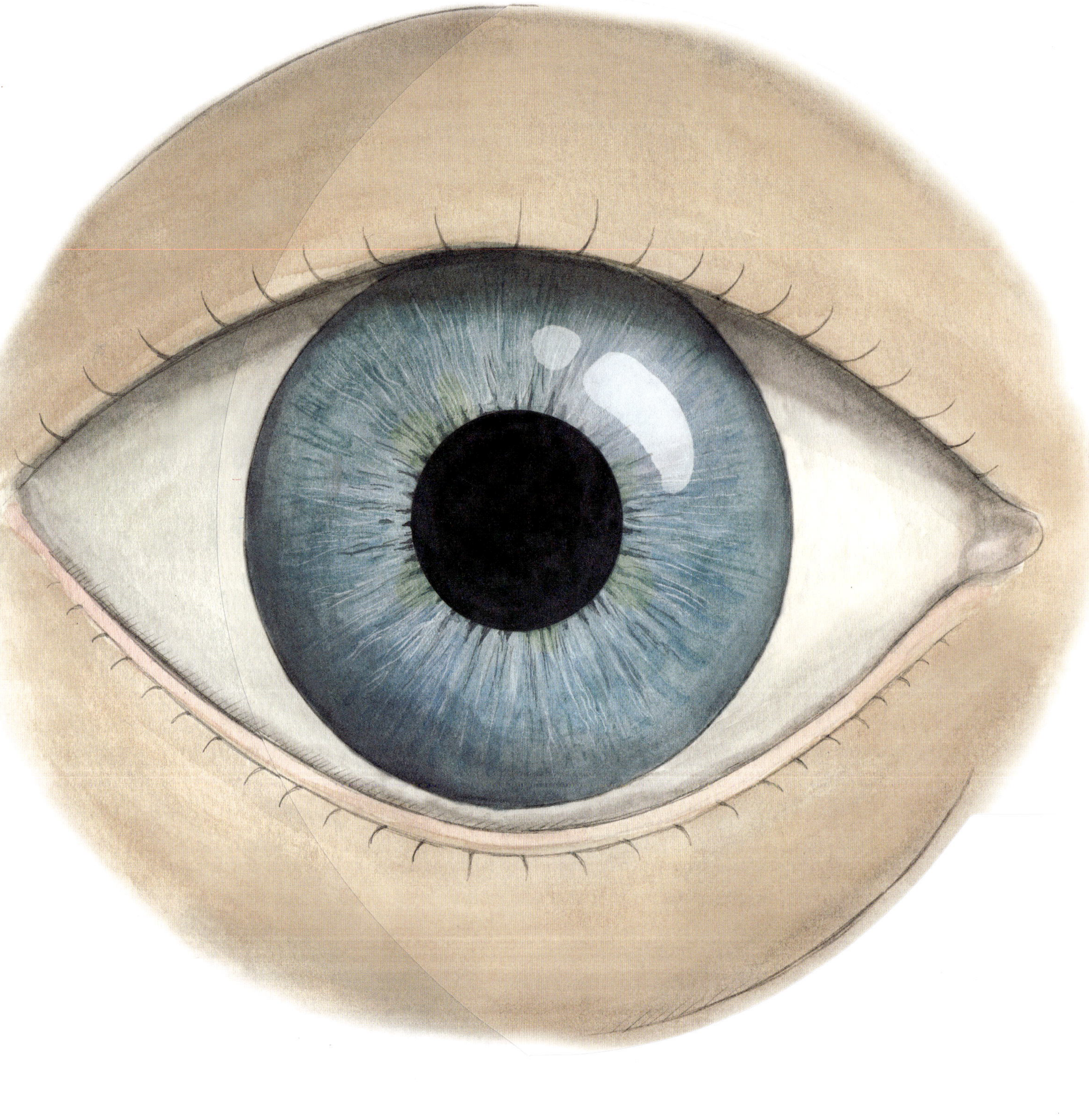

DAS KOSMISCHE NETZ

Alles um uns herum sieht in allen Richtungen gleich aus! Die Galaxienhaufen scheinen aus derselben Materie zu bestehen, es zeichnet sich eine gemeinsame Struktur ab.

Struktur eines Schwamms

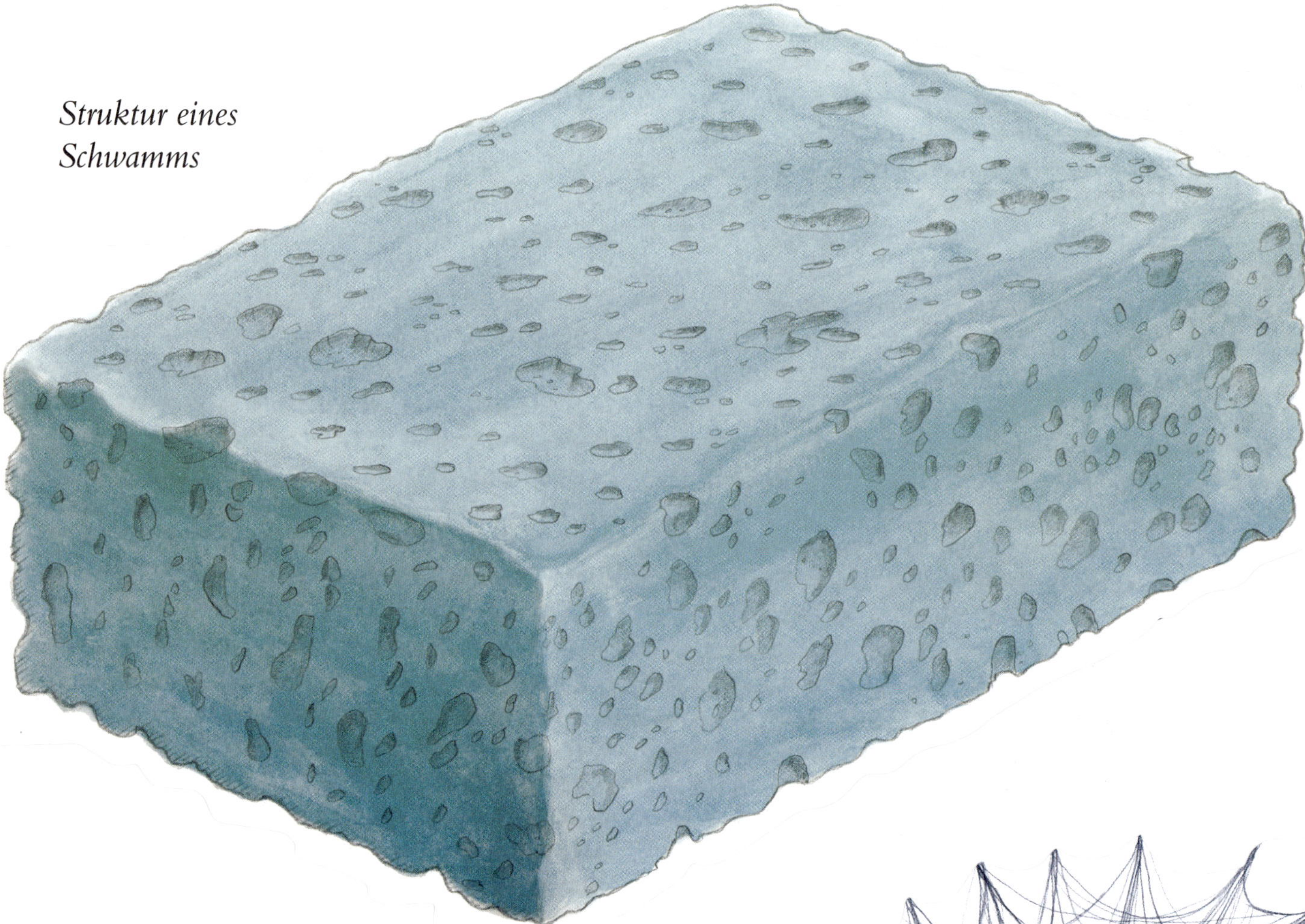

DAS UNIVERSUM IST HOMOGEN UND ISOTROP

Am Himmel scheint alles gleich zu sein, zum Beispiel die Temperatur, und auch die Verteilung der Galaxien im Raum ist in allen Richtungen gleich. Die Astrophysiker sagen, das Universum ist homogen und isotrop.

Ein Spinnennetz …
(ohne Zentrum)

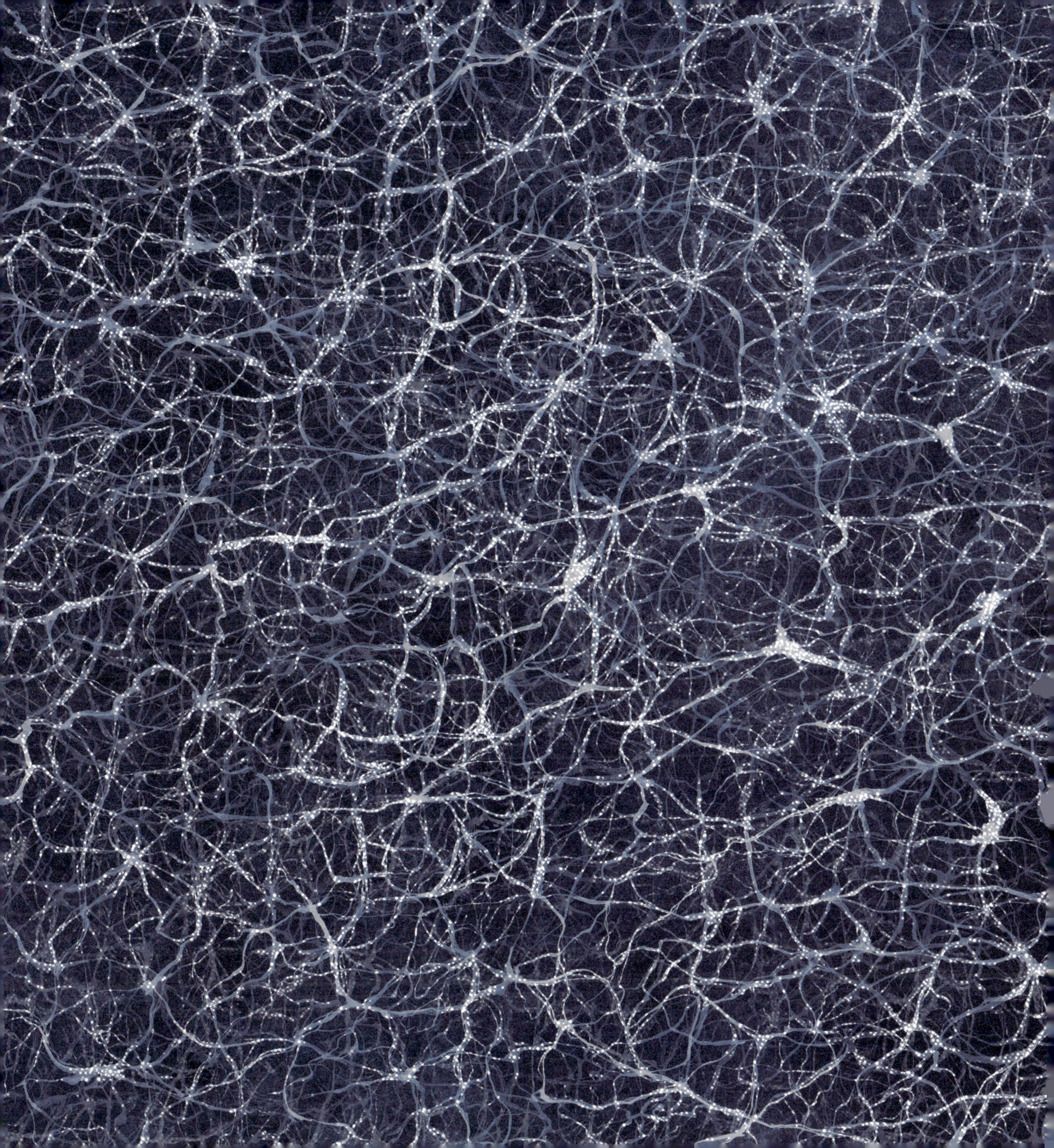

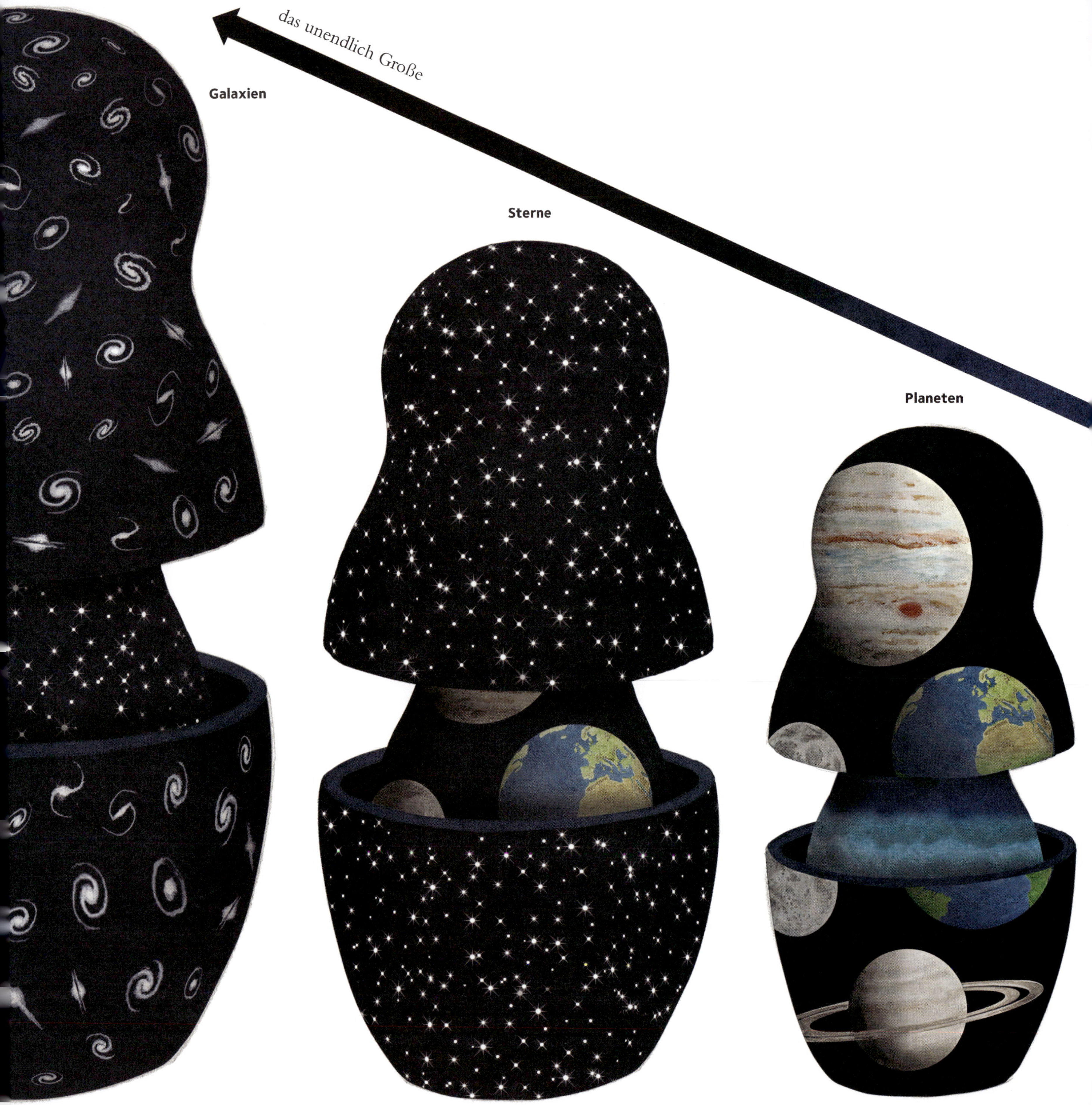
das unendlich Große
Galaxien
Sterne
Planeten

TEILCHENGALAXIEN

Das Universum ist die Gesamtheit aller existierenden Dinge, der unendlich großen, aber auch der unendlich kleinen. Bei der Erforschung des Wesens der Materie entdeckten die Physiker seltsame Gesetzmäßigkeiten und merkwürdige Teilchen.

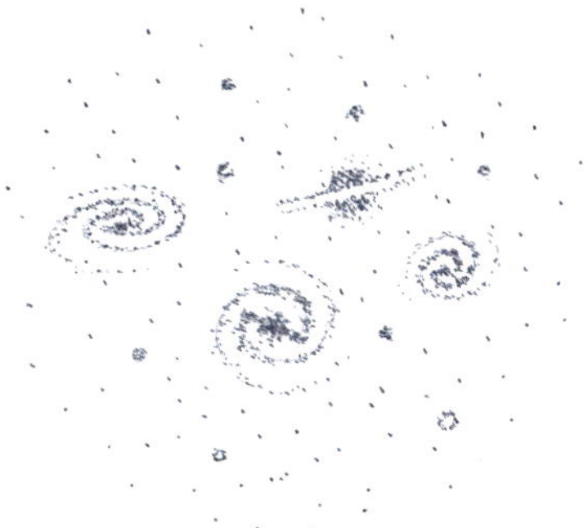

Wie funktioniert das unendlich Große?

Bewegungen der Planeten, Anziehungskraft der Sterne, Abdriften von Galaxien … Die meisten dieser Phänomene lassen sich beobachten und alle werden durch dieselben Gesetze beschrieben: das Gravitationsgesetz und die allgemeine Relativitätstheorie.

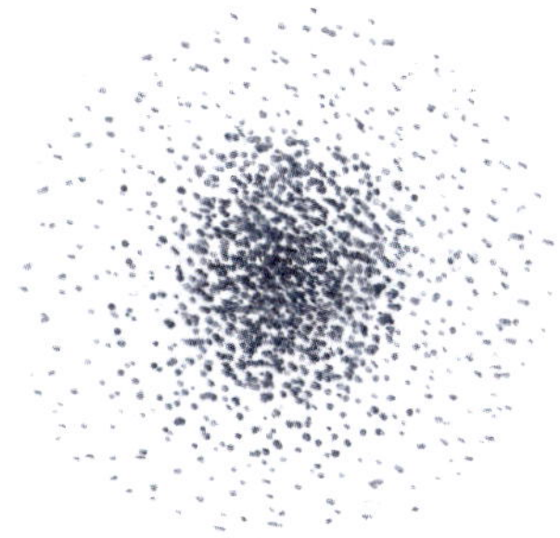

Wie funktioniert das unendlich Kleine?

Eine Elektronenwolke, eine Photonenbewegung, ein Boson … Zu beobachten, was im Inneren von Atomen passiert, ist sehr schwierig und sorgte schon für einige Überraschungen: Diese Welt funktioniert nicht wie die Welt des unendlich Großen! Die Wissenschaftler mussten daher im 20. Jahrhundert eine neue Theorie aufstellen, die Quantenmechanik.

Inzwischen versuchen die Wissenschaftler, die Gesetze des unendlich Großen und des unendlich Kleinen zusammenzubringen. Dieser neue Forschungsbereich heißt Quantengravitation.

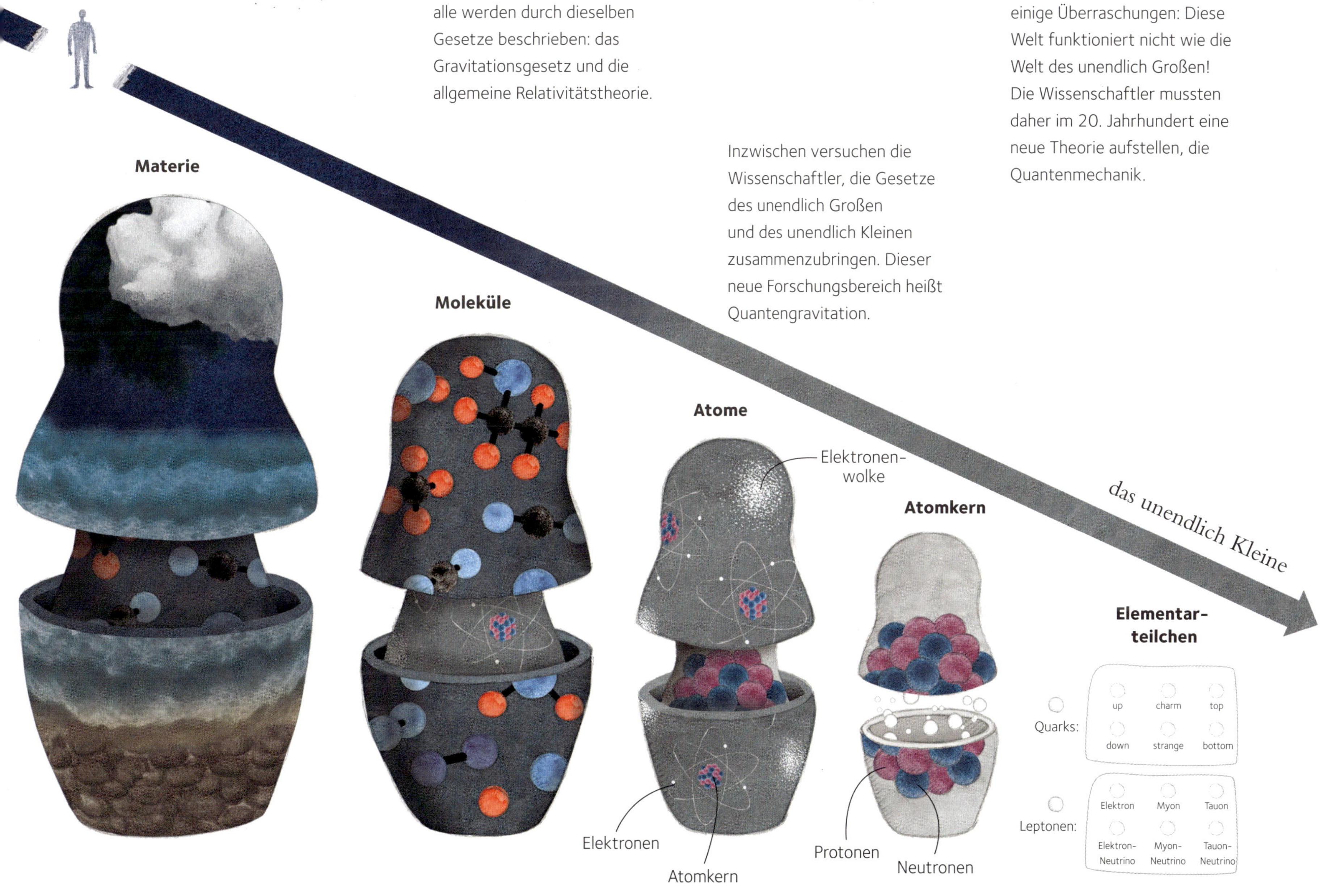

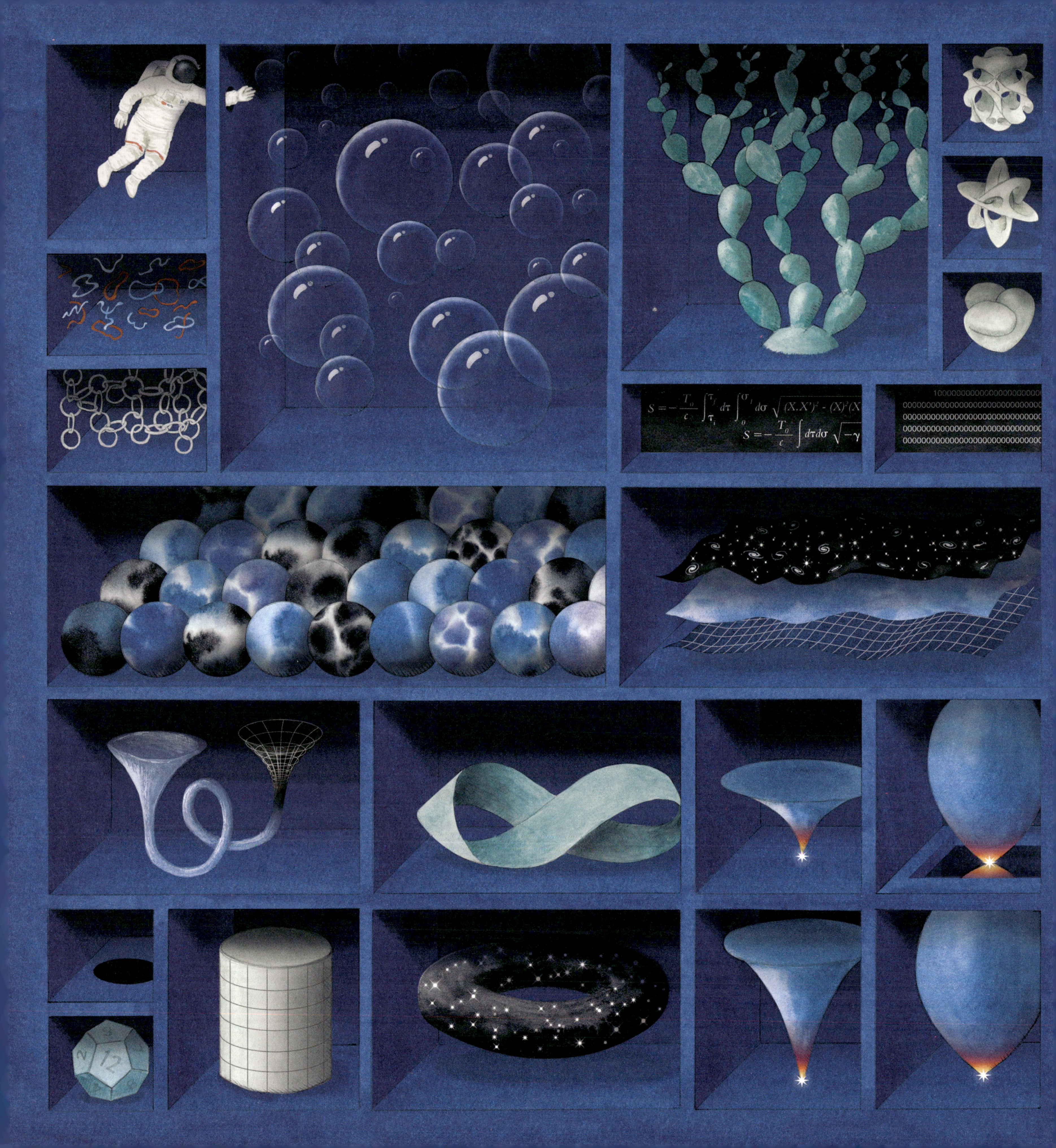
$S = -\frac{T_0}{c}\int_{\tau_i}^{\tau_f} d\tau \int_0^{\sigma_1} d\sigma \sqrt{(X.X')^2 - (X)^2(X$
$S = -\frac{T_0}{c}\int d\tau d\sigma \sqrt{-\gamma$

DIE UNIVERSEN DER ZUKUNFT

DIE SPEKULATIONEN DER WISSENSCHAFTLER

Würde Albert Einstein heute auf die Erde kommen, wäre er sicher verblüfft, welche Entdeckungen die Wissenschaft in den letzten 60 Jahren gemacht hat. Neue physikalische Theorien machen Spekulationen über das möglich, was sich außerhalb des beobachtbaren Universums abspielen könnte: Wurmlöcher, Blasenuniversen, Multiversen und Branenkollisionen.

All diese neuen Konzepte sind Hypothesen darüber, wie das Universum sein könnte. Aber noch gibt es keine Beweise dafür. Eine der Hypothesen wird irgendwann vielleicht einmal bewiesen.

EIN SPIEL DER ILLUSIONEN?

Am Nachthimmel scheinen die Sterne sich unendlich oft zu wiederholen. Mathematiker haben wundersame Formen eines Universums ersonnen, die optische Illusionen hervorrufen würden: Unser Universum könnte kleiner sein, als es scheint!

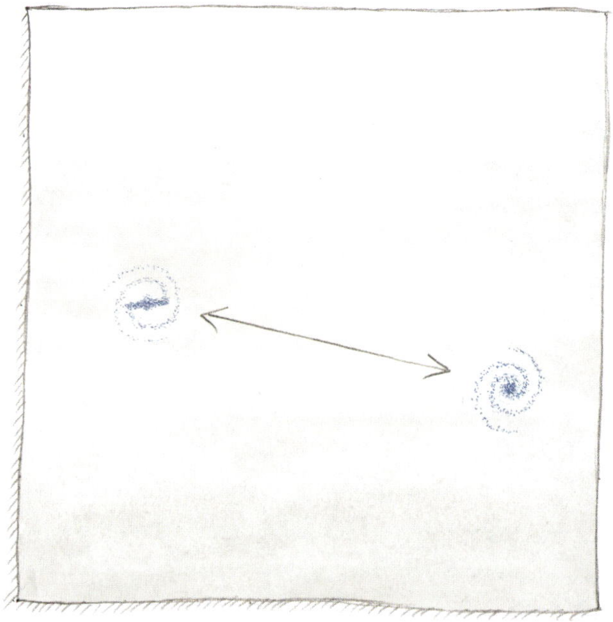

In diesem Raum folgt das Licht einem einzigen Pfad zwischen den beiden Galaxien.

Ein Blatt Papier …

… aufgerollt?

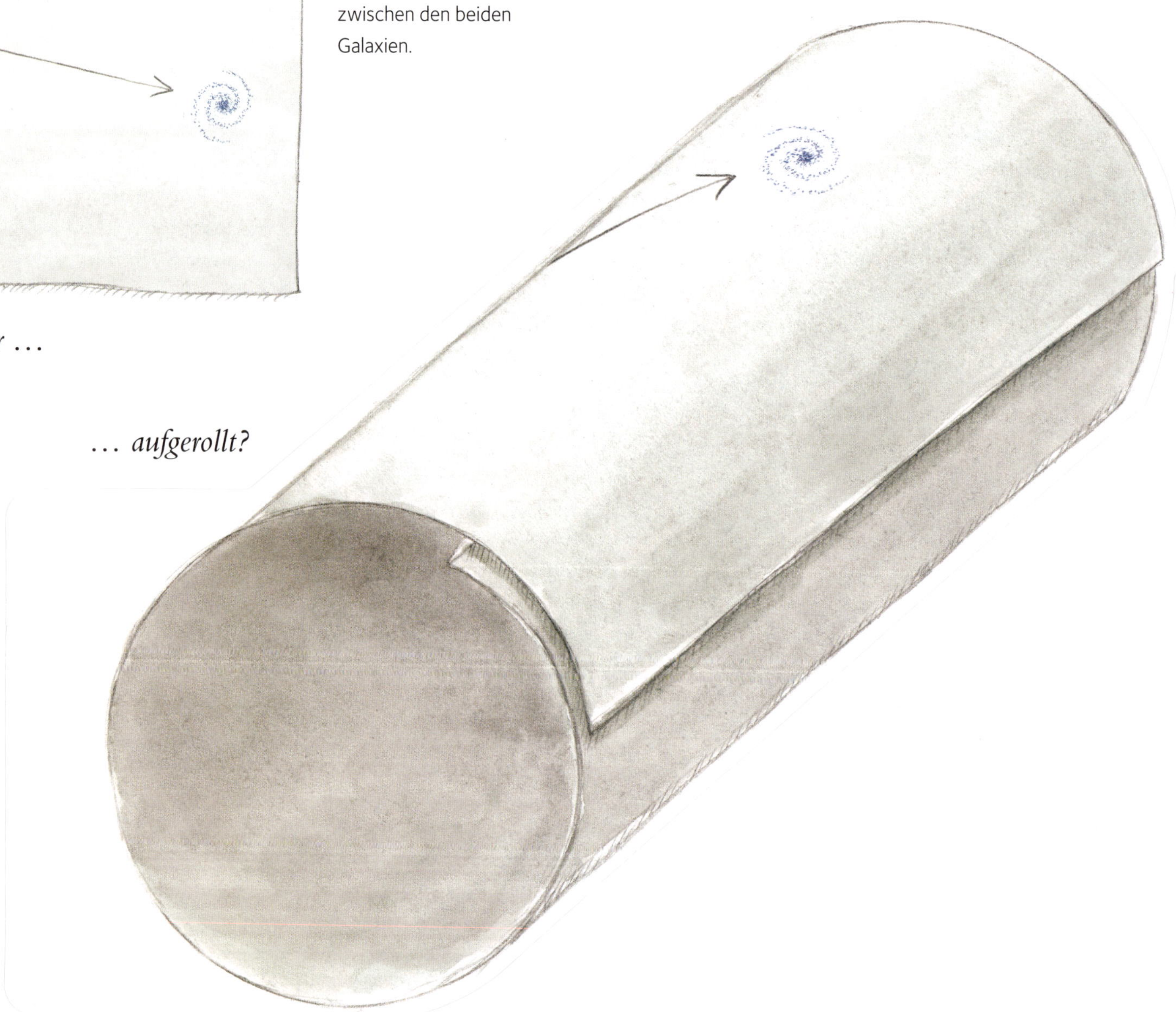

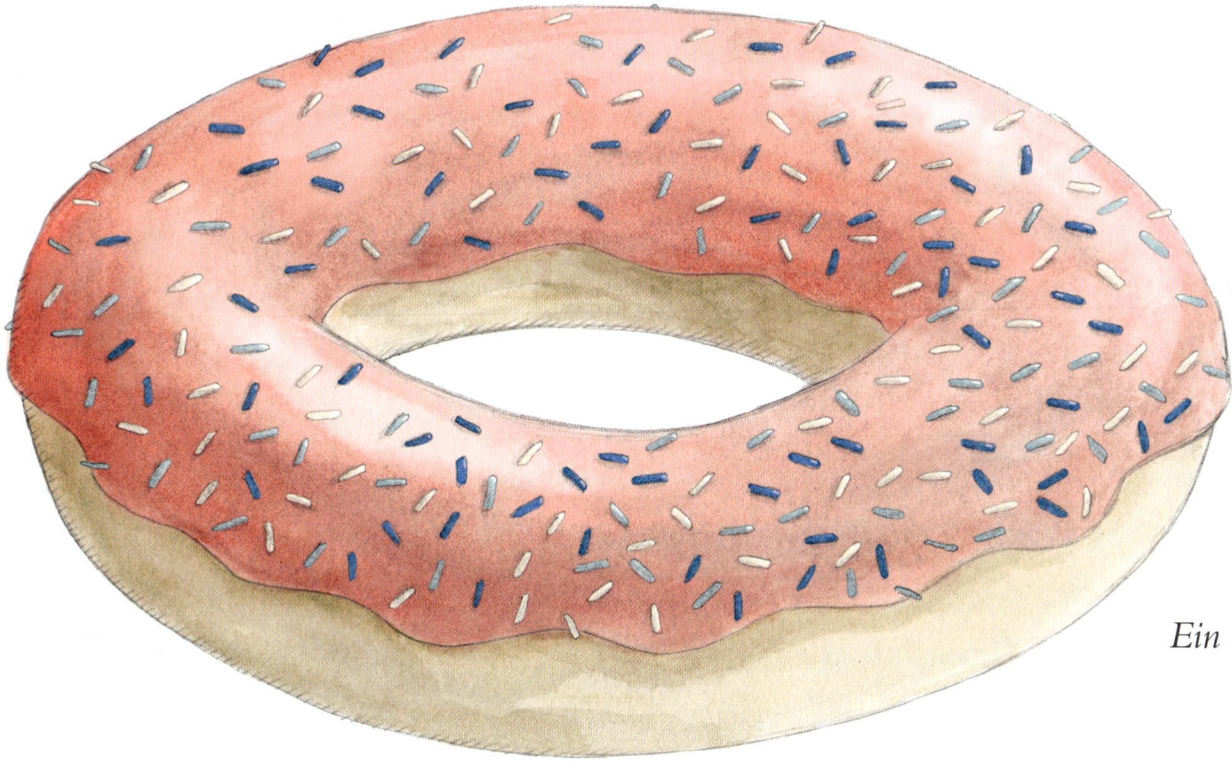

Ein Donut?

Ein zwölfseitiger Würfel?

Diese Modelle „kleiner Universen", die uns vorgaukeln, größer zu sein, basieren auf soliden Theorien, lassen sich aber kaum mit den jüngsten Beobachtungen vereinen: Unser Universum ist größer als das beobachtbare Universum!

WIE ENDET DAS UNIVERSUM?

Sicher ist: Das Universum expandiert, das Gewebe der Raumzeit wird dünner, die Sterne entfernen sich unaufhörlich voneinander, dunkle Energie und dunkle Materie kämpfen gegeneinander … Aber was passiert in einigen Milliarden Jahren? Die Kosmologen halten mehrere Möglichkeiten für denkbar.

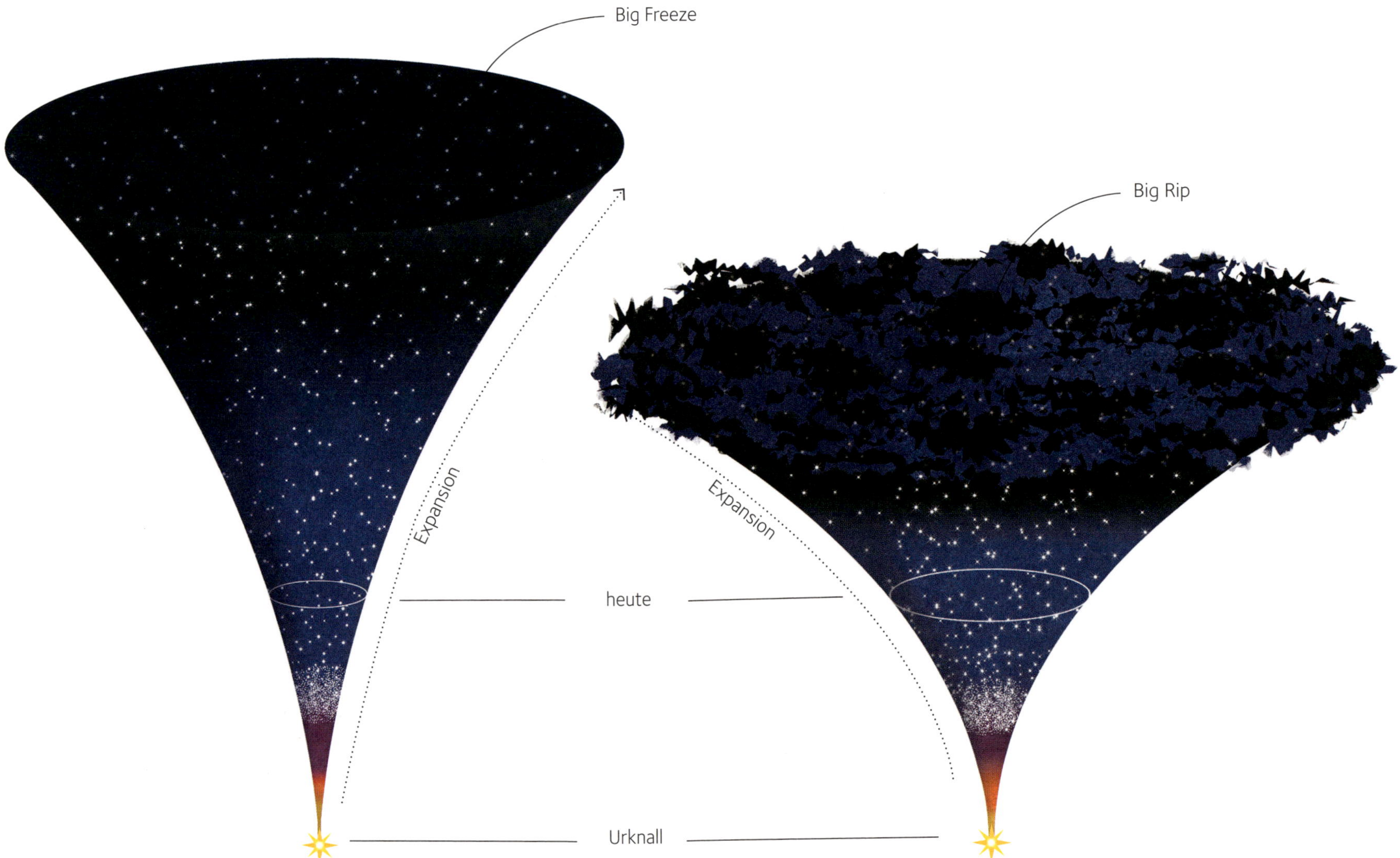

Big Freeze: das „große Einfrieren"

Stelle dir vor, das Universum dehnt sich weiter aus (siehe „Urknall", Seite 25), die Raumzeit schwillt an, die Galaxien entfernen sich voneinander, das Universum wird immer kälter. Wie ein Lebewesen, das keine Energie mehr erzeugen kann, würde das Universum irgendwann einen „thermischen Tod" sterben. Das gilt derzeit als wahrscheinlichste Hypothese.

Big Rip: das „große Zerreißen"

Nach dieser Theorie beschleunigt sich die Expansion des Universums immer mehr, die dunkle Energie gewinnt gegen die dunkle Materie (siehe Darstellung auf Seite 39), und nach mehreren Milliarden Jahren reißt das Gewebe der Raumzeit schließlich: Vom Supergalaxienhaufen bis zu den Atomen fällt alles einfach auseinander!

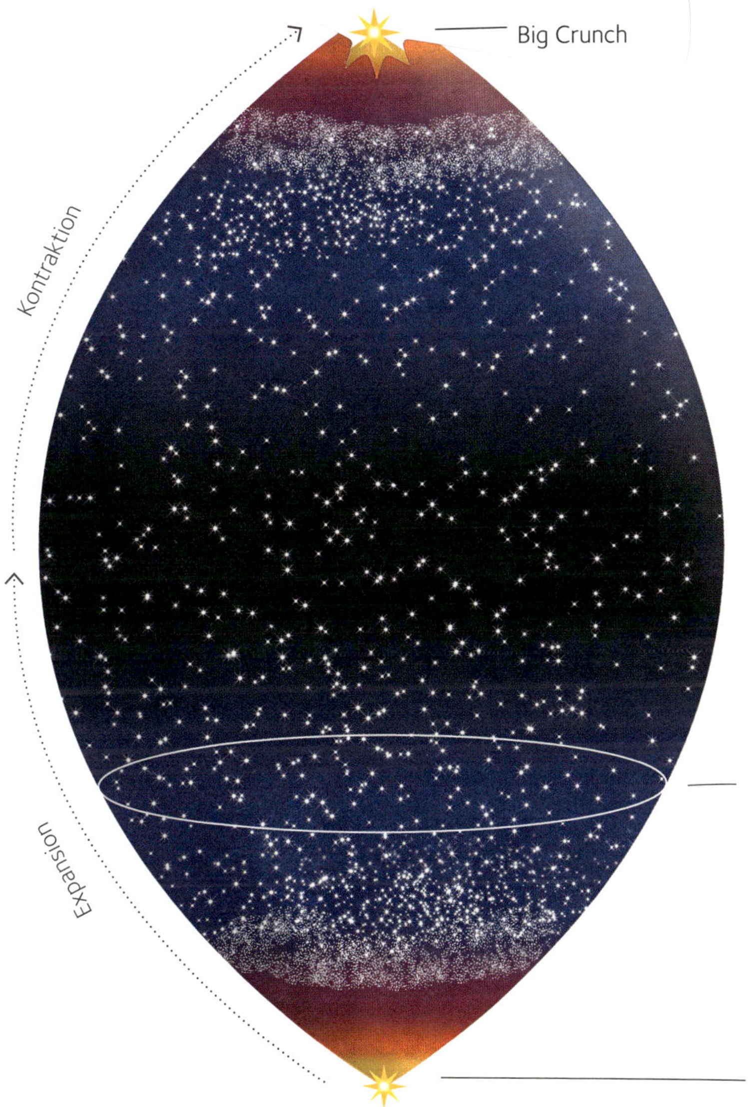

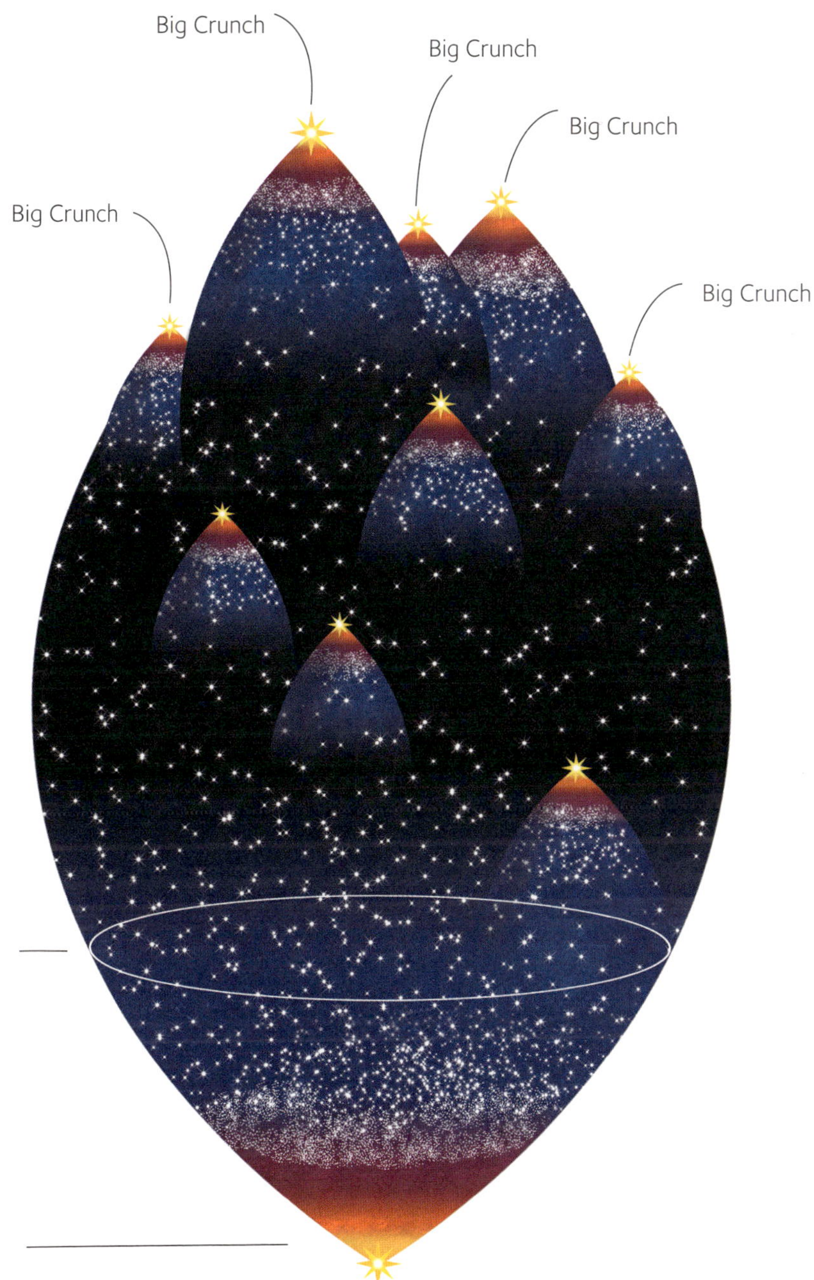

Big Crunch: das „große Zusammenkrachen“

In diesem Szenario dehnt sich das Universum immer weiter aus und kühlt sich ab ... bis zu einem Punkt, an dem die dunkle Materie die Oberhand über die dunkle Energie gewinnt. Daraufhin beginnt die Raumzeit, sich zusammenzuziehen. Das Universum wird kleiner, erwärmt sich dabei und stürzt schließlich in sich zusammen.

Mehrere Big Crunches

Damit das Unviersum ein einziges Ende erfährt, den Big Crunch, muss es überall gleich sein, also homogen. Was aber, wenn das Universum nicht homogen ist? Seine Unregelmäßigkeiten ließen dann mehrere Universen und mehrere Big Crunches entstehen.

AUF IN ANDERE UNIVERSEN?

Schwarze Löcher sind faszinierende Himmelsobjekte! Physiker stellten sich vor, dass sie mit merkwürdigen Tunneln verbunden sind, den sogenannten „Wurmlöchern“.

Geheimgänge

Ein Wurmloch führt von einem Punkt aus an einen anderen in der Raumzeit. Auf der einen Seite kommt man durch ein schwarzes Loch in das Wurmloch, das auf der anderen Seite zu einem weißen Loch führt. Diese merkwürdige Vorstellung geht auf eine echte Theorie zurück, die noch nicht durch Experimente bewiesen wurde.

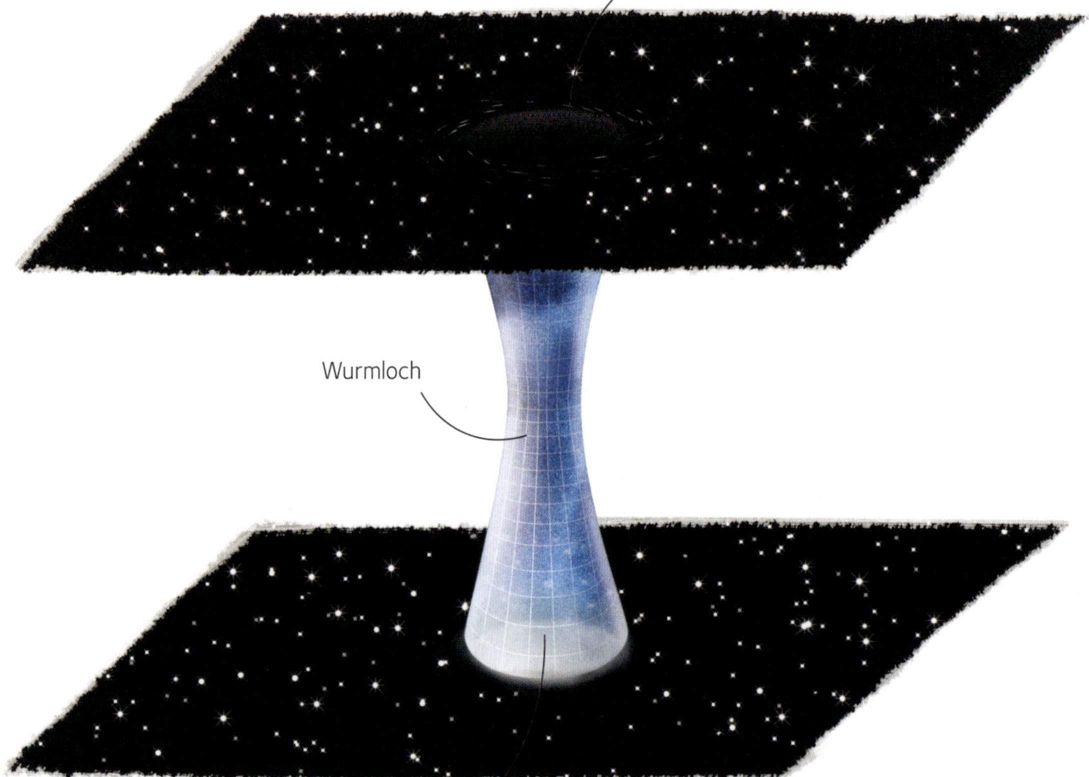

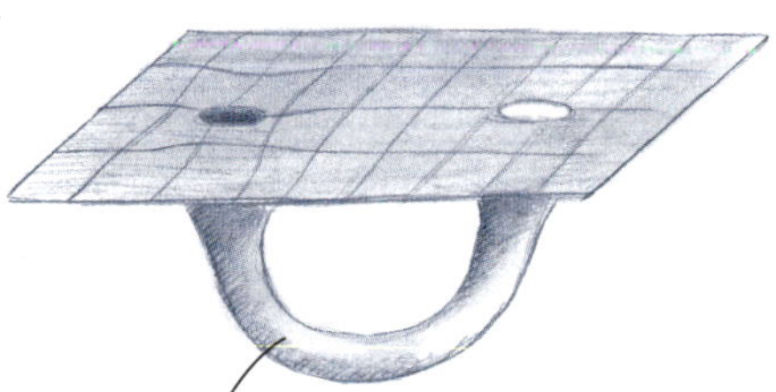

Das klassische Wurmloch verbindet zwei Punkte im selben Universum.

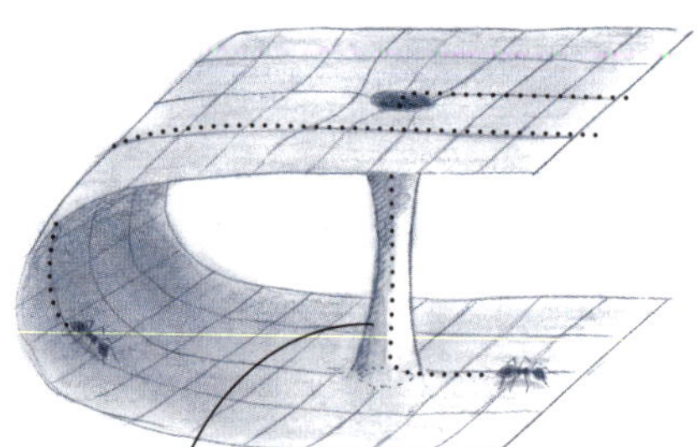

Dieses Wurmloch ist eine Abkürzung innerhalb eines Universums.

Nach anderen Theorien könnten Wurmlöcher auch von einem Universum in ein anderes führen.

SCHWARZES LOCH

Wenn ein sehr massereicher Stern stirbt, stürzt sein Kern in sich zusammen. Er explodiert in einer Supernova und der Kern kann zu einem schwarzen Loch werden, das aus einem unsichtbaren, extrem massereichen Zentrum und einem Ereignishorizont besteht. Passiert ein Objekt diesen Ereignishorizont, kann es nie mehr zurück. Schwarze Löcher wurden von der allgemeinen Relativitätstheorie vorhergesagt, aber bewiesen ist ihre Existenz erst seit 2015.

WELCHES MULTIVERSUM?

Ein Multiversum ist die Gesamtheit aller möglichen Universen. Die Wissenschaftler halten mehrere Typen für möglich. Wie entstehen sie? Wie könnten sie aussehen?

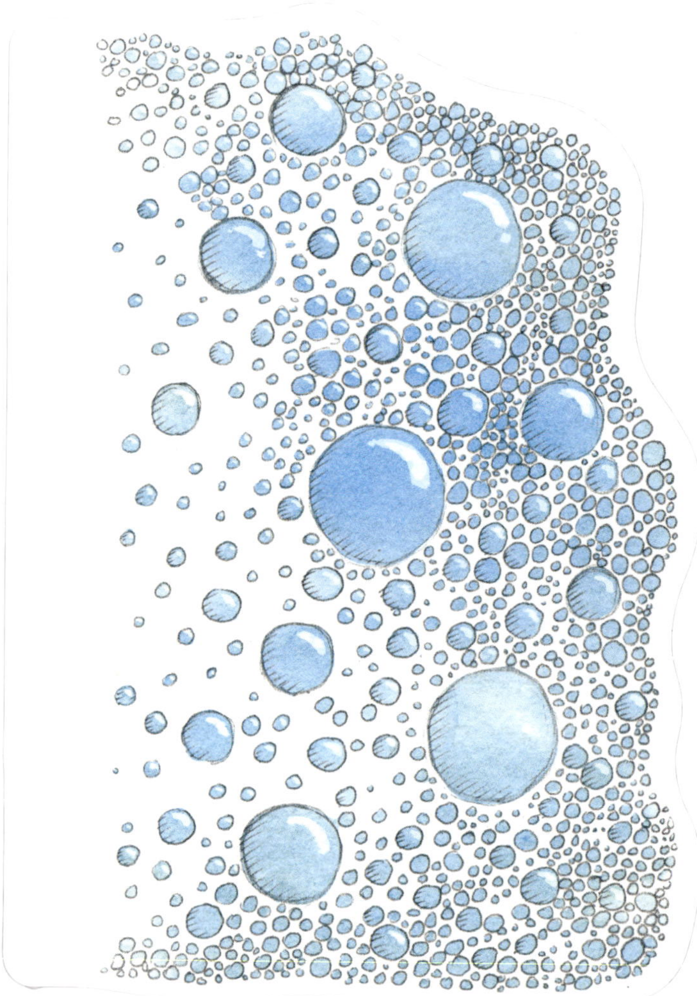

Schaum?

Ein Kaktus?

In jedem Universum können andere Naturgesetze gelten: Einige könnten Galaxien und Planeten enthalten, andere von Licht erfüllt sein und wieder andere so schnell wieder verschwinden, wie sie entstanden sind!

MÖGLICHE UNIVERSEN?

Seit einigen Jahrzehnten versuchen Physiker und Mathematiker, die Gesetze des unendlich Großen und des unendlich Kleinen in Einklang zu bringen. In verblüffenden Theorien ersinnen sie neue Arten von Universen, die rein theoretisch und nicht überprüfbar sind. Bisher jedenfalls …

Stelle dir ein magisches Mikroskop vor, mit dem du das unendlich Kleine sehen könntest (was unmöglich ist!). Was würdest du sehen?

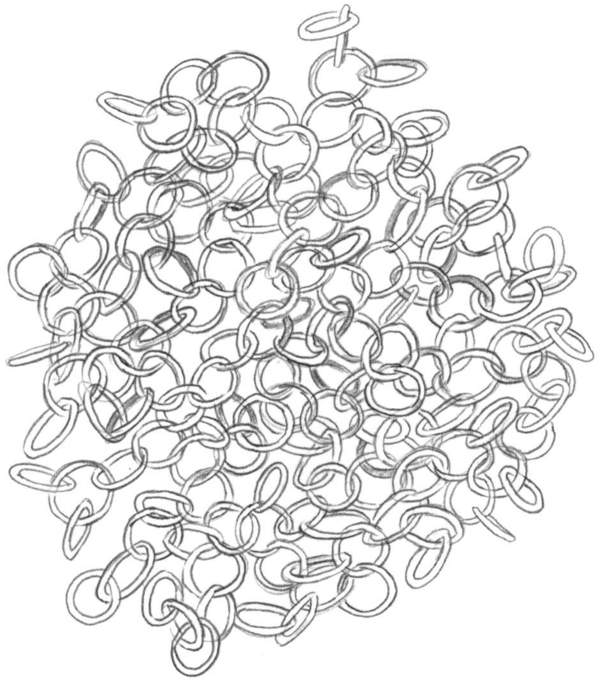

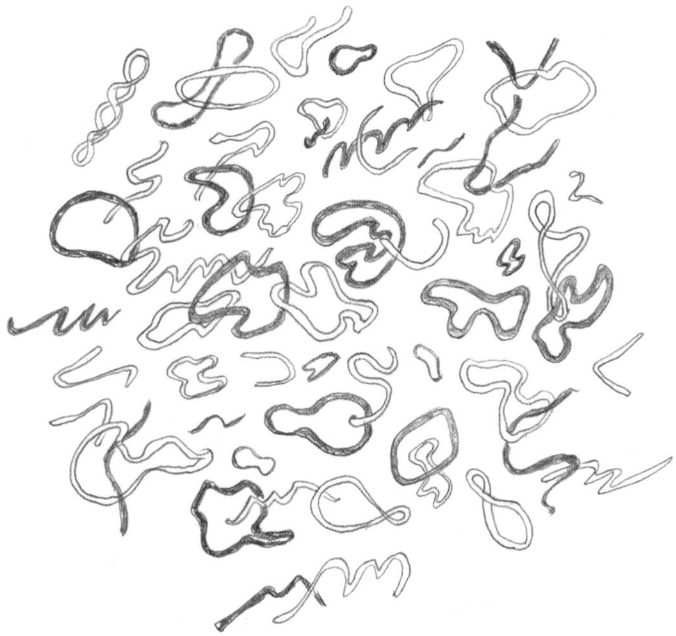

RINGE SIND DER RAUM

In der Loop-Theorie besteht der Raum im unendlich Kleinen aus winzigen Ringen. Von Weitem vermitteln die ineinander verschlungenen Ringe die Illusion eines Raumgewebes. Um ihre Funktionsweise zu beschreiben, behaupten die Verfechter dieser Theorie, dass die Zeit nicht existiert – jedenfalls nicht auf mikroskopischer Ebene.

FÄDEN FÜR NEUE RÄUME

Nach der Stringtheorie würde man anstelle der Elementarteilchen winzige elastische Fäden sehen, die offen oder geschlossen sein können und in der Raumzeit vibrieren. Die Stringtheorie bildet die Grundlage für weitere Theorien (Branen, M-Theorie), die neue Arten von Räumen erforschen.

Branen: Räume mit mehr als vier Dimensionen

Die Raumzeit besteht aus drei Raumdimensionen und einer Zeitdimension. Nach der Stringtheorie sind aber auch Räume mit mehr als vier Dimensionen vorstellbar. Diese Räume könnten zerknülltem Papier ähneln, sogenannten „Branen". Nach einigen Branentheorien könnte der Urknall beim Zusammenstoß zweier Branen erfolgt sein.

Räume mit zehn Dimensionen

Forscher haben die Stringtheorie vertieft und daraus die M-Theorie entwickelt. Dabei haben sie seltsame mathematische Wesen erfunden: Räume mit zehn Dimensionen! Diese Objekte sind unendlich klein, extrem kompakt, in sich gefaltet und es gibt so viele, wie es mögliche Universen gibt.

Calabi-Yau-Räume nach der M-Theorie

Wie viele Universen sind möglich?

Die M-Theorie macht eine unvorstellbar große Zahl von Universen möglich, die sich alle voneinander unterscheiden. Danach gäbe es 10000000 00000000000000000000000000000000000000000000000000000000000000000000000000000000000 00000000000000000000000000000000000000000000000000000000000000000000000000000000000 00000000000000000000000000000000000000000000000000000000000000000000000000000000000 00000000000000000000000000000000000000000000000000000000000000000000000000000000000 00000000000000000000000000000000000000000000000000000000000000000000000000000000000 000000000000000000000000000000000000000000000000000000000000000000000000000000 mögliche Universen! (Die Mathematiker schreiben diese Zahl als 10^{500}, das ist kürzer). Wäre unser Universum dann eine Ausnahme, ein durchschnittliches oder ein typisches Universum? Darüber wissen wir noch nichts …

BEGRIFFE RUND UMS UNIVERSUM

2-SPHÄRE
Die 2-Sphäre ist eine Oberfläche, auf der alle Punkte dieselbe Entfernung zu einem Mittelpunkt haben, der nicht zur Oberfläche gehört.

3-KUGEL
Eine 3-Kugel ist etwas anderes als eine Sphäre! Eine Sphäre ist eine Oberfläche, eine 3-Kugel dagegen ein Körper.

BEOBACHTBARES UNIVERSUM
Sichtbares Universum, entspricht dem Inneren einer riesigen Kugel von 45 Milliarden Lichtjahren Durchmesser mit der Erde im Mittelpunkt.

DUNKLE ENERGIE
Verantwortlich für die Beschleunigung der Expansion des Universums. Könnte mit der Nullpunktsenergie zusammenhängen, aber ihre physikalischen Eigenschaften sind noch nicht bekannt.

DUNKLE MATERIE
Geheimnisvoller Bestandteil des Universums. Unsichtbar, sendet kein Licht aus, mit unseren Teleskopen nicht zu erfassen, scheint für die Erklärung des Zusammenhalts der Galaxien notwendig zu sein.

EXPANSION DES UNIVERSUMS
Die Expansion des Universums beschreibt einen Raum, der sich ausdehnt und in dem die Galaxien sich voneinander entfernen. Diese bahnbrechende Entdeckung ist das Ergebnis einer wissenschaftlichen Vorhersage von Alexander Friedmann und Georges Lemaître sowie der Beobachtungen von Edwin Hubble in den 1920er-Jahren.

FIXSTERNSPHÄRE
Himmelsmodell der Antike, erdacht von griechischen Gelehrten: Die Sterne sitzen fest auf einer beweglichen Sphäre (Kugelschale).

GALAKTOZENTRISMUS
Vorstellung von der Welt, in der unsere Galaxie die Mitte des Universums bildet. Kosmologisches Modell des 18. und 19. Jahrhunderts in Europa.

GEOZENTRISMUS
Vorstellung der Welt, in der die Erde unbeweglich im Zentrum des Universums steht. Typische Beschreibung in Antike und Mittelalter, aber auch in Mythen.

HELIOZENTRISMUS
Vorstellung der Welt, in der die Sonne im Mittelpunkt des Universums steht. Modell des Aristarchos von Samos und vor allem von Nikolaus Kopernikus.

HOMOGENES UNIVERSUM
Das Universum erscheint dem Beobachter unabhängig von seinem Standpunkt immer gleich (siehe „kosmologisches Prinzip").

ISOTROPES UNIVERSUM
Das Universum erscheint dem Beobachter unabhängig von seiner Blickrichtung immer gleich (siehe „kosmologisches Prinzip").

KOSMISCHE HINTERGRUNDSTRAHLUNG
Ältestes Licht aus allen Himmelsrichtungen, das in unserem Universum beobachtet werden kann. Die Hintergrundstrahlung entstand 380 000 Jahre nach dem Urknall, wurde 1964 von Arno Allan Penzias und Robert Woodrow Wilson entdeckt und später von mehreren Satelliten genauer fotografiert: Cobe (1992), Wmap (2003) und Planck (2013).

KOSMISCHE INFLATION
Aktuelles kosmologisches Modell, das eine Phase sehr starker Expansion zu Beginn des Urknalls beschreibt.

KOSMOGRAFIE
Dieses Wissensgebiet versucht, das beobachtbare Universum zu beschreiben und zu kartografieren. In der Wissenschaftsgeschichte auch eine Wissenschaft von den Vorstellungen des Universums.

KOSMOLOGIE
Die Kosmologie ist ein Zweig der Astrophysik. Diese wissenschaftliche Disziplin versucht, unser Universum zu verstehen.

KOSMOLOGISCHER HORIZONT
Grenze des beobachtbaren Universums, hinter der die Astrophysiker ein Objekt nicht mehr erfassen können, weil es so weit entfernt ist, dass sein Licht keine Zeit hatte, zu uns zu gelangen.

KOSMOLOGISCHES PRINZIP
Eingeführt 1917 von Einstein. Nach dem kosmologischen Prinzip nimmt jeder Beobachter das Universum an jedem Punkt darin auf dieselbe Weise wahr. Man sagt, das Universum ist homogen und isotrop. Nach derzeitigem Wissensstand ist das beobachtbare Universum tatsächlich isotrop und homogen.

KOSMOLOGISCHES STANDARDMODELL
Die aktuelle Beschreibung des beobachtbaren Universums, die von der wissenschaftlichen Gemeinschaft akzeptiert wird: Geschichte des Universums und Entstehung der enthaltenen kosmischen Objekte.

KOSMOS
Der Kosmos ist das Universum der alten Griechen. Das Wort kommt vom griechischen *kosmos*, das so viel heißt wie „Weltordnung" oder „Harmonie".

LANIAKEA
Größte kartografierte Struktur unseres Universums, 2014 von einem internationalen Team (Projekt Cosmic Flow) entdeckt. Auf Hawaiianisch heißt Laniakea „unermesslicher Himmel".

LICHTJAHR
Entfernung, die das Licht in einem Jahr zurücklegt. 1 Lichtjahr = 9,461 Milliarden Kilometer.

MULTIVERSUM
Gesamtheit der möglichen Universen. Hypothese und Spekulationen zur Existenz anderer Universen jenseits des beobachtbaren Universums.

QUANTENMECHANIK
Mathematisch-physikalische Theorie, die physikalische Phänomene in sehr kleinem Maßstab erklärt (Atome, Elementarteilchen). Entdeckt im 20. Jahrhundert in Europa von mehreren Physikern wie Max Planck, Albert Einstein, Werner Heisenberg, Niels Bohr und Erwin Schrödinger.

RAUM
In der Astrophysik der Bereich des Universums jenseits unserer Atmosphäre, in dem sich die Himmelsobjekte bewegen.

RAUMZEIT
Taucht erstmals 1905 in Albert Einsteins Spezieller Relativitätstheorie auf. Die Raumzeit verbindet Raum und Zeit untrennbar miteinander. Sie hat vier Dimensionen: Höhe, Länge, Breite und Zeit.

RELIGIÖSE KOSMOLOGIE
Die religiöse Kosmologie macht sich Gedanken zum Ursprung und Aufbau des Universums. Man findet solche Beschreibungen in der Poesie, der Mythologie, der Philosophie usw.

STATISCHES UNIVERSUM
Unbewegliches Universum, konstruiert von Albert Einstein. Dieses Modell wurde nach der Entdeckung der Expansion des Universums aufgegeben.

TOPOLOGIE
Zweig der Mathematik, der verschiedene Arten des Raums untersucht: geschlossen, offen, endlich, unendlich usw.

UNENDLICHKEIT
Raum ohne Grenzen, der nirgendwo endet.

UNIVERSUM
Gesamtheit aller existierenden Dinge.

URKNALL
Wissenschaftliche Theorie, die Entwicklung und Aufbau des gesamten Universums, des unendlich Großen (Galaxien, Sterne, Planeten usw.) beschreibt und die Vielfalt der Atome erklärt. Heute wird diese Theorie von Wissenschaftlern auf der ganzen Welt akzeptiert.

WELT
Begriff mit mehreren Bedeutungen: Erde, alle Lebewesen auf der Erde, Umgebung oder Umwelt, Gesamtheit aller Dinge, alles, was existiert usw. Die Beschreibung kann literarisch, poetisch, mythologisch oder religiös sein.

Für Naomie, Théophile und Max

Ich danke Naomie, meiner Muse, Théophile und Max, meinen ewigen Sternen, für ihre Geduld und ihre Unterstützung.
Ich danke Jean-Philippe Uzan für seine wissenschaftlichen Erläuterungen in diesem Streifzug durch die Ansichten des Universums, Béatrice Decroix, die diesem grenzenlosen Projekt einen Rahmen gab, und Valérie Gautier für ihre wertvollen grafischen Orientierungshilfen.

Titel der Originalausgabe:
Univers. Des mondes grecs aux multivers
Erschienen bei Saltimbanque Éditions, einer Marke der
La Martinière Groupe

25 boulevard Romain-Rolland, 75014 Paris

Deutsche Erstausgabe

Ein Unternehmen der La Martinière Groupe
Umschlagadaption: Leonore Höfer, Knesebeck Verlag
Prepress: Apex Graphic
Übersetzung und Satz: Susanne Schmidt-Wussow
Lektorat: Karin Leonhart für bookwise GmbH
Druck: Papersong, April 2018 (info@paper-song.com)

Printed in China

ISBN 978-3-95728-208-8

www.knesebeck-verlag.de